21世纪普通高校计算机公共课程规划教材

大学计算机基础实验教程

（第2版）

石永福　白荷芳　主编

清华大学出版社
北　京

内 容 简 介

本书共7章，分别介绍Windows 7的应用、Word 2010的基本操作、Excel 2010的基本操作、PowerPoint 2010的基本操作、网页设计的基本操作技巧和方法、多媒体技术基础知识的应用和计算机网络知识的应用。

本书在内容组织上，既强调基本方法与技能的训练与培养，又重视在实践中充分体现基本概念和基本理论，部分内容直接将基本概念和基本理论的讲解与实践操作结合起来，边讲边练，讲练结合，不但让学生掌握了基本理论知识，而且让学生学会了基本理论知识的应用，让学生不但“懂”，而且会“应用”、有能力。

本书既可以作为高等院校非计算机专业大学计算机基础的实验教材，也可供普通计算机使用者参考；既可以作为《大学计算机基础教程(第2版)》的配套实验教材，也完全可以作为一本独立教材。

图书在版编目(CIP)数据

大学计算机基础实验教程/石永福，白荷芳主编. —2版. —北京：清华大学出版社，2014
21世纪普通高校计算机公共课程规划教材
ISBN 978-7-302-35542-7

Ⅰ. ①大… Ⅱ. ①石… ②白… Ⅲ. ①电子计算机—高等学校—教材 Ⅳ. ①TP3

中国版本图书馆CIP数据核字(2014)第034914号

责任编辑：郑寅堃 赵晓宁
封面设计：傅瑞学
责任校对：梁 毅
责任印制：李红英

出版发行：清华大学出版社
网 址：http://www.tup.com.cn，http://www.wqbook.com
地 址：北京清华大学学研大厦A座 **邮 编**：100084
社 总 机：010-62770175 **邮 购**：010-62786544
投稿与读者服务：010-62776969，c-service@tup.tsinghua.edu.cn
质 量 反 馈：010-62772015，zhiliang@tup.tsinghua.edu.cn
课 件 下 载：http://www.tup.com.cn，010-62795954
印 装 者：北京鑫海金澳胶印有限公司
经 销：全国新华书店
开 本：185mm×260mm **印 张**：9.25 **字 数**：233千字
版 次：2011年8月第1版 2014年5月第2版 **印 次**：2014年5月第1次印刷
印 数：1～3000
定 价：22.00元

产品编号：058323-01

出版说明

随着我国改革开放的进一步深化，高等教育也得到了快速发展，各地高校紧密结合地方经济建设发展需要，科学运用市场调节机制，加大了使用信息科学等现代科学技术提升、改造传统学科专业的投入力度，通过教育改革合理调整和配置了教育资源，优化了传统学科专业，积极为地方经济建设输送人才，为我国经济社会的快速、健康和可持续发展以及高等教育自身的改革发展做出了巨大贡献。但是，高等教育质量还需要进一步提高以适应经济社会发展的需要，不少高校的专业设置和结构不尽合理，教师队伍整体素质亟待提高，人才培养模式、教学内容和方法需要进一步转变，学生的实践能力和创新精神亟待加强。

教育部一直十分重视高等教育质量工作。2007 年 1 月，教育部下发了《关于实施高等学校本科教学质量与教学改革工程的意见》，计划实施"高等学校本科教学质量与教学改革工程(简称'质量工程')"，通过专业结构调整、课程教材建设、实践教学改革、教学团队建设等多项内容，进一步深化高等学校教学改革，提高人才培养的能力和水平，更好地满足经济社会发展对高素质人才的需要。在贯彻和落实教育部"质量工程"的过程中，各地高校发挥师资力量强、办学经验丰富、教学资源充裕等优势，对其特色专业及特色课程(群)加以规划、整理和总结，更新教学内容、改革课程体系，建设了一大批内容新、体系新、方法新、手段新的特色课程。在此基础上，经教育部相关教学指导委员会专家的指导和建议，清华大学出版社在多个领域精选各高校的特色课程，分别规划出版系列教材，以配合"质量工程"的实施，满足各高校教学质量和教学改革的需要。

本系列教材立足于计算机公共课程领域，以公共基础课为主、专业基础课为辅，横向满足高校多层次教学的需要。在规划过程中体现了如下一些基本原则和特点。

(1) 面向多层次、多学科专业，强调计算机在各专业中的应用。教材内容坚持基本理论适度，反映各层次对基本理论和原理的需求，同时加强实践和应用环节。

(2) 反映教学需要，促进教学发展。教材要适应多样化的教学需要，正确把握教学内容和课程体系的改革方向，在选择教材内容和编写体系时注意体现素质教育、创新能力与实践能力的培养，为学生知识、能力、素质协调发展创造条件。

(3) 实施精品战略，突出重点，保证质量。规划教材把重点放在公共基础课和专业基础课的教材建设上；特别注意选择并安排一部分原来基础比较好的优秀教材或讲义修订再版，逐步形成精品教材；提倡并鼓励编写体现教学质量和教学改革成果的教材。

(4) 主张一纲多本，合理配套。基础课和专业基础课教材配套，同一门课程有针对不同层次、面向不同专业的多本具有各自内容特点的教材。处理好教材统一性与多样化，基本教材与辅助教材、教学参考书，文字教材与软件教材的关系，实现教材系列资源配套。

(5) 依靠专家，择优选用。在制订教材规划时要依靠各课程专家在调查研究本课程教材建设现状的基础上提出规划选题。在落实主编人选时,要引入竞争机制,通过申报、评审确定主题。书稿完成后要认真实行审稿程序,确保出书质量。

繁荣教材出版事业,提高教材质量的关键是教师。建立一支高水平教材编写梯队才能保证教材的编写质量和建设力度,希望有志于教材建设的教师能够加入到我们的编写队伍中来。

21世纪普通高校计算机公共课程规划教材编委会
联系人:魏江江 weijj@tup.tsinghua.edu.cn

前　言

掌握计算机基本知识并具备计算机应用能力是当代人才知识结构的重要内容，也是各类专业人才必备的基本素质。根据教育部高等院校非计算机专业计算机基础课程教学指导分委员会《关于进一步加强高等院校计算机基础教学的几点意见(征求意见稿)》和教育部高等院校文科计算机基础教学指导委员会《大学计算机教学基本要求》的相关意见和要求，在多年教学经验和教改成果的基础上，我们组织编写了《大学计算机基础教程(第 2 版)》。由于计算机教育资源分配的不均衡和信息技术类课程不是全国普通高考课程等原因，中学开设信息技术课程的情况差别很大，造成大学生的计算机应用能力参差不齐，计算机基础课程教学众口难调。在教学实践中，计算机基础课程必然包括实验或上机实践环节，甚至部分学校将 Windows、Office 等课程内容直接安排在微机室进行。在上机实验中，可以培养学生的逻辑思维能力、获取新知识能力、分析问题和解决问题的能力等。这就需要一本计算机实验教材。为此，我们组织编写了这本《大学计算机基础实验教程(第 2 版)》。

本书包括 7 章内容。其中，第 1 章介绍 Windows 7 的应用，第 2 章介绍 Word 2010 的基本操作，第 3 章介绍 Excel 2010 的基本操作，第 4 章介绍 PowerPoint 2010 的基本操作，第 5 章介绍网页设计的基本操作技巧和方法，第 6 章介绍多媒体技术基础知识的应用，第 7 章介绍计算机网络知识的应用。

本教材的参考教学时数为 36 学时。在实际教学中，根据学生的实际情况和学校所设的学时数，内容可进行选择取舍。本教材对自学者也非常适用。

本书由石永福、白荷芳主编，参加编写的老师还有郭致慧、袁媛、李娜、杨得国、李泽湖、柴娟娟、谈存实、李小玲、尉梅等。

由于编者学识水平所限，书中难免有不妥之处，诚请专家、学者、同行和广大读者不吝赐教。编者 E-mail：shiyongfu@nwnu. edu. cn.

编　者

2014 年 1 月

目　录

第1章 Windows 7 操作系统应用

实验 1-1 启动和退出安装有 Windows 7 的计算机

【实验目的和要求】

掌握安装有 Windows 7 的计算机的启动和退出的方法。

【实验内容和步骤】

1. 计算机的启动

(1) 按下计算机机箱面板上的电源开关按键 Power，即可开始启动计算机，系统对计算机进行自检后，就会进入 Windows 7 的欢迎界面。

(2) 在欢迎界面中，按照提示，单击某个用户账户名图标。稍后，即可登录进入 Windows 7 的工作桌面，如图 1-1 所示。

如果用户设置了登录密码，则会弹出“输入密码”文本框，在“输入密码”文本框中输入正确的密码，按 Enter 键即可，如果不需要登录 Windows 7，则单击“取消”按钮即可。

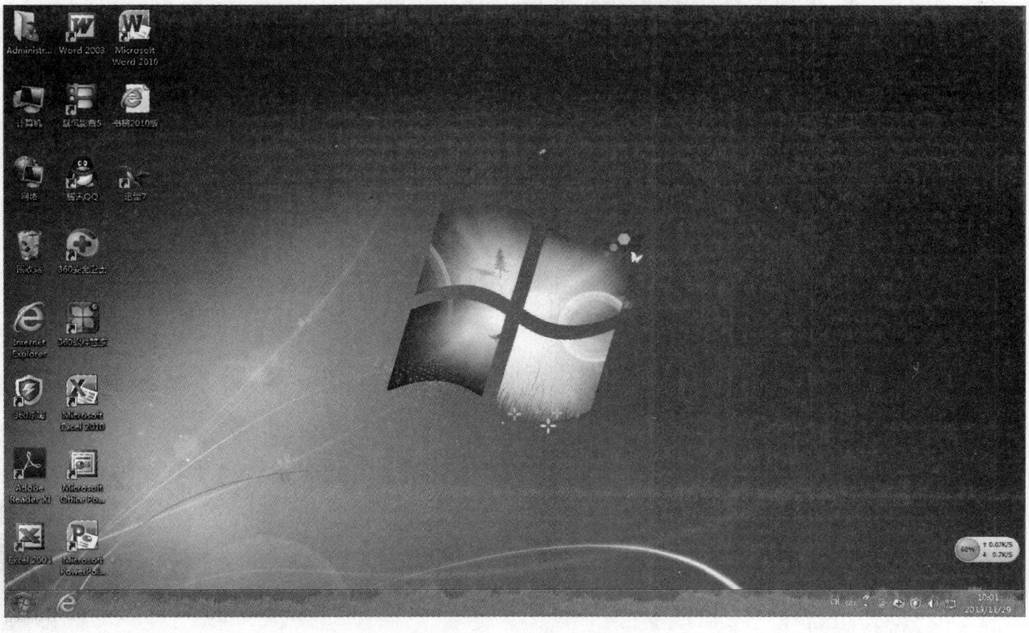

图 1-1 Windows 7 的工作桌面

2. 计算机的退出

(1) 关闭所有正在运行的应用程序。

(2) 单击桌面左下角的"开始"按钮,单击"关机"按钮即可退出 Windows 7 并关闭计算机,如图 1-2 所示。

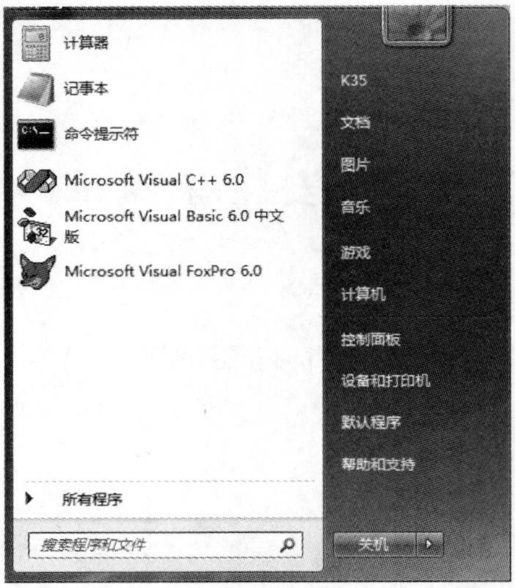

图 1-2　开始菜单及"关机"按钮

3. 重新启动

在使用计算机的过程中,如果需要重新启动计算机,可以在图 1-2 中,单击向右的箭头,在级联菜单中选择"重新启动"选项,然后单击"确定"按钮。

当计算机出现死机或不能正常运行时,可以重新启动计算机。重新启动可以按主机箱上的"重新启动"按钮。

注意:

(1) 禁止频繁开关机器。

(2) 关机后,等待 1 分钟后才能开机。

实验 1-2　鼠标和键盘的操作

【实验目的和要求】

- 熟悉鼠标的操作方法;
- 了解键盘的外观及组成;
- 熟练键盘的基本操作。

【实验内容和步骤】

1. 鼠标的基本操作

鼠标是重要的输入设备,用以控制屏幕上的鼠标指针运动。一般鼠标有两个或三个按键，分别为鼠标右键、鼠标左键，三键鼠标中间的键不是很常用。“鼠标右键”用以打开快捷菜单，快速地完成一般任务；“鼠标左键”一般用于完成大多数操作任务。

鼠标的基本操作有指向、单击、双击、右击和拖曳或拖动。

（1）指向：滑动鼠标，使鼠标指针指示到所要操作的对象上。

（2）单击：用手指快速按下鼠标左键并立即释放。单击用作选择一个对象或执行一个命令。

（3）双击：用手指连续快速两次单击鼠标左键。双击用作启动一个程序或打开一个文件。

（4）右击：用手指快速按下鼠标右键并立即释放。右击会弹出快捷菜单，方便完成对所选对象的操作。当鼠标指针指示到不同的操作对象上时，会弹出不同的快捷菜单。

（5）拖曳或拖动：将鼠标指针指示到要操作的对象，按住鼠标左键不放，滑动鼠标使鼠标指针指示到目标位置后释放鼠标左键。拖曳或拖动用作移动对象、复制对象或者拖动滚动条与标尺的标杆。

2. 鼠标左键和右键的设置

（1）在“控制面板”窗口中，双击“鼠标”链接或图标，出现如图 1-3 所示的对话框。

（2）选中“切换主要和次要的按钮(S)”复选框，可调换系统默认的鼠标左右键功能，使之更适合左手使用者。

（3）切换至“指针”选项卡，如图 1-4 所示。在“方案”下拉菜单中选择自己喜欢的方案，单击“应用”按钮，就可改变鼠标形状。

（4）切换至“指针选项”选项卡和“滑轮”选项卡，可对鼠标移动的速度、方式和鼠标的轮每滚动一次及光标行数进行设置。

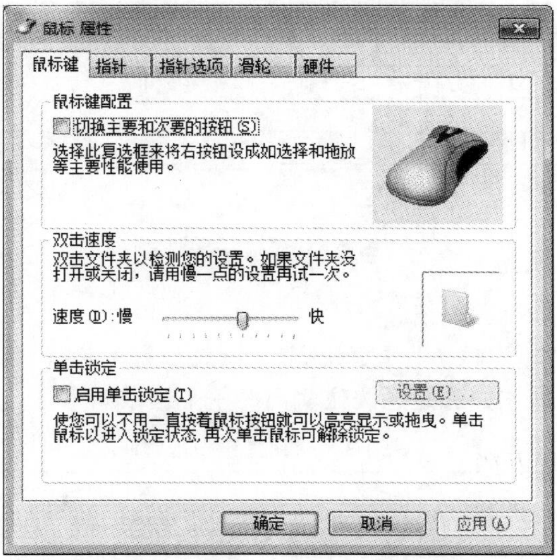

图 1-3 “鼠标属性”对话框的“鼠标键”选项卡

3. 键盘操作

键盘是计算机标准的输入设备，利用键盘可完成中文 Windows 7 提供的所有操作功

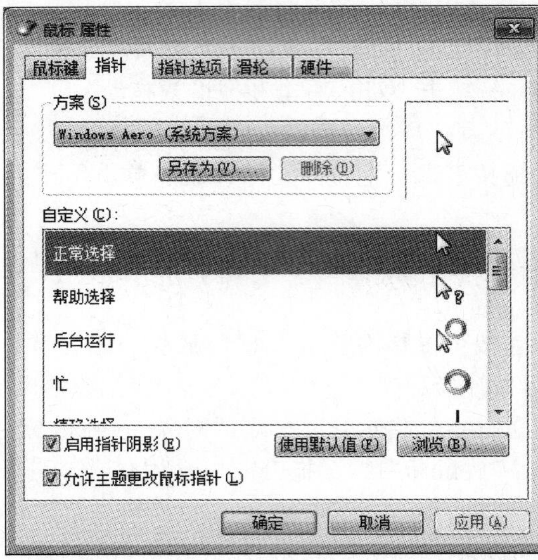

图 1-4 “鼠标属性”对话框的“指针”选项卡

能,但在 Windows 环境下利用鼠标很方便。

(1) 键盘的外观。

如图 1-5 所示,键盘可划分 4 个区域:主键盘区、编辑键区、数字小键盘和 F1～F12 键所在的功能区。

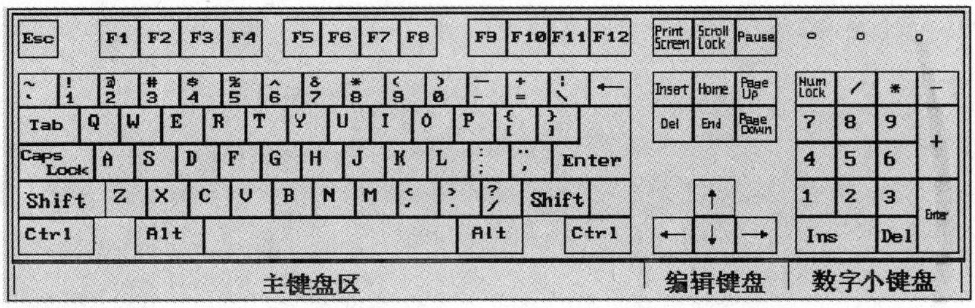

图 1-5 键盘示意图

(2) 键盘上常用功能键的介绍。

有时使用键盘操作完成某个操作更快捷,故有快捷键的说法,常用的快捷键如表 1-1 和表 1-2 所示。快捷键的操作方法是先按住前面的一个键或两个键,再按后面的一个键。

表 1-1 通用键盘快捷键

快 捷 键	作 用
Ctrl+Alt+Delete	出现死机时,采用热启动打开“任务管理器”来结束当前任务
Esc	取消当前任务
Alt+F4	关闭活动项或者退出活动程序
Alt+Tab	切换窗口
Ctrl+空格	中英文输入法之间切换

续表

快 捷 键	作 用
Ctrl＋Shift	各种输入法之间切换
Shift＋空格	中文输入法状态下全角/半角切换
Ctrl＋＞	中文输入法状态下中文/西文标点切换
Print Screen	复制当前屏幕图像到剪贴板
Alt＋Print Screen	复制当前窗口、对话框或其他对象(如任务栏)到剪贴板

表 1-2 对话框操作快捷键

快 捷 键	作 用
Ctrl＋Tab	向前切换各张选项卡
Ctrl＋Shift＋Tab	向后切换各张选项卡
Tab	向前切换各选项
Shift＋Tab	向后切换各选项
Alt＋带下划线的字母	执行对应的命令或选择对应的选项
Enter	执行活动选项或按钮的命令
F1	显示帮助

实验 1-3 Windows 7 的桌面组成和操作

【实验目的和要求】

- 了解桌面的基本组成；
- 掌握图标的操作；
- 熟练任务栏的设置。

【实验内容和步骤】

Windows 7 的桌面主要由可以随意更换的桌面背景图片，便于快速访问的桌面图标，监督任务运行状况的任务栏，用于下达命令的“开始”按钮，以及用于输入文字的语言栏等组成。

1. “开始”菜单的设置

(1) 将鼠标移到任务栏中的空白位置，右击，在弹出的快捷菜单中选择“属性”命令，弹出“任务栏和「开始」菜单属性”对话框，选择“「开始」菜单”选项卡后如图 1-6 所示。

(2) 单击“电源按钮操作框”的下拉按钮，出现相关选项。

(3) 选择后单击“确定”按钮，即可完成设置。

(4) 单击“自定义”按钮可进行个性化设置。

2. 图标的操作

图标是程序、文件夹、文件和快捷方式等各种对象的小图像。双击不同的图标即可打开相应的任务。左下角带有箭头的图标，称为快捷方式图标。

(1) 添加新图标：可以从别的窗口通过鼠标拖动的方法创建一个新图标，也可以通过右击桌面空白处创建新图标。用户如果想在桌面上建立“计算机”和“我的文档”等快捷方式

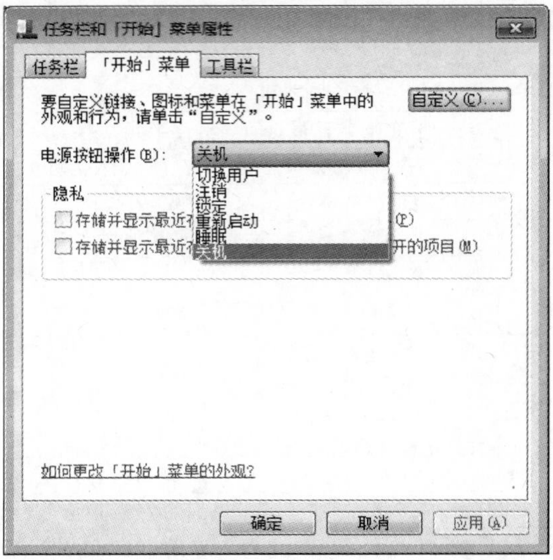

图 1-6 “任务栏和「开始」菜单属性”对话框的“「开始」菜单”选项卡

图标，只需从“开始”菜单中将相应图标拖曳到桌面即可。

(2) 删除图标：右击某图标，从快捷菜单中选择“删除”命令即可；或直接拖动对象到回收站。

(3) 排列图标：图标排列的操作步骤是右击桌面空白处，从弹出的快捷菜单中选择“排列图标”。然后在级联菜单中分别选择按名称、大小、类型和修改时间命令排列图标。若取消“自动排列”，可把图标拖曳到桌面上的任何地方。

(4) 回收站：“回收站”是系统在硬盘中开辟的专门存放从硬盘上被删除的文件和文件夹的区域，如图 1-7 所示。

图 1-7 “回收站”窗口

回收站的使用：双击“回收站”图标，打开“回收站”窗口，如图 1-7 所示。

- 还原：选定对象，选择“文件”→“还原”菜单命令还原对象。
- 删除：选定对象，使用“文件”→“删除”菜单命令，或按 Delete 键彻底删除对象。
- 清空回收站：使用“文件”→“清空回收站”菜单命令删除全部对象，也可直接右击“回收站”图标，在快捷菜单中选择“清空回收站”命令。在“回收站”中一旦删除或清空回收站，则删除的对象就不能再恢复了。

3. 任务栏

任务栏位于 Windows 桌面最下部，如图 1-8 所示。其左边是“开始”按钮，之后是“快速启动”按钮，右边是公告区，显示计算机的系统时间和输入法按钮等，中部显示出正在使用的各应用程序图标，或个别可以运行的应用程序按钮。

图 1-8　任务栏

(1) 任务栏的主要功能。

① 单击“开始”按钮，弹出“开始”菜单。

② 单击某个“快速启动”按钮，启动相应任务。

③ 单击某个应用程序图标，切换任务。当前编辑的任务为深色显示。

④ 单击安全删除硬件图标“”，删除 USB 接口的即插即用硬件。

⑤ 双击时间图标，弹出“日期和时间”对话框，如图 1-9 所示，查看和设置系统时间和日期。

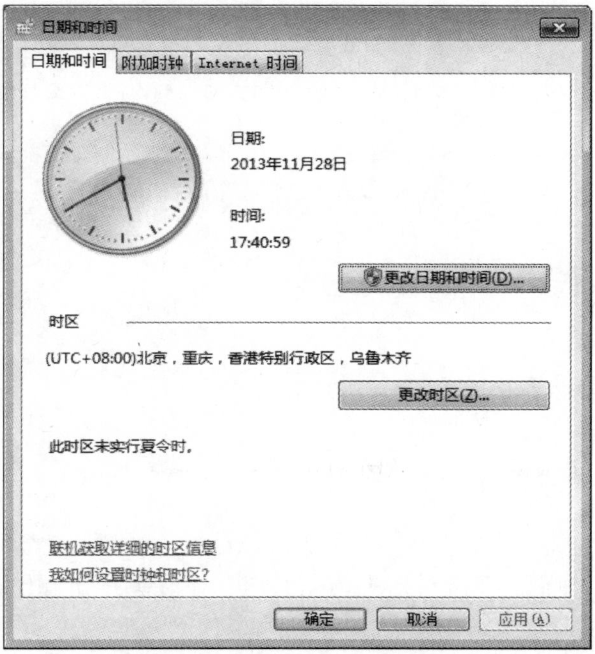

图 1-9　“日期和时间”对话框

⑥ 要减少任务栏的混乱程度,可设置隐藏不活动的图标。如果通知区域(时钟旁边)的图标在一段时间内未被使用,便会隐藏起来。如果图标被隐藏,单击向左的箭头,可以临时显示隐藏的图标。如果单击这些图标中的某一个,将再次显示。

(2) 设置任务栏。

① 将鼠标移到任务栏中的空白位置,右击,在弹出的快捷菜单中进行相关设置。如选择"属性"命令,则弹出"任务栏和「开始」菜单属性"对话框,选择"任务栏"选项卡后如图1-10所示。

② 选中(单击矩形框出现对钩)或取消(单击矩形框取消对号)相关复选框选项。

③ 单击"确定"按钮,即可完成属性设置。

④ 个性化设置可单击"自定义"按钮。

图1-10 "任务栏和「开始」菜单属性"对话框的"任务栏"选项卡

实验1-4 窗口的操作

【实验目的和要求】

- 了解窗口的组成;
- 掌握窗口的主要操作;
- 掌握菜单的基本使用方法。

【实验内容和步骤】

1. 窗口的基本组成

以"计算机"窗口为例。双击桌面上的"计算机"图标或单击"开始"菜单中"计算机"图标,即可打开"计算机"窗口,如图1-11所示。典型的Windows 7窗口主要由标题栏、菜单栏、控制按钮、最小化按钮、最大化按钮(恢复按钮)、关闭按钮、工具栏、属性栏、窗口内容区、滚动条等组成。

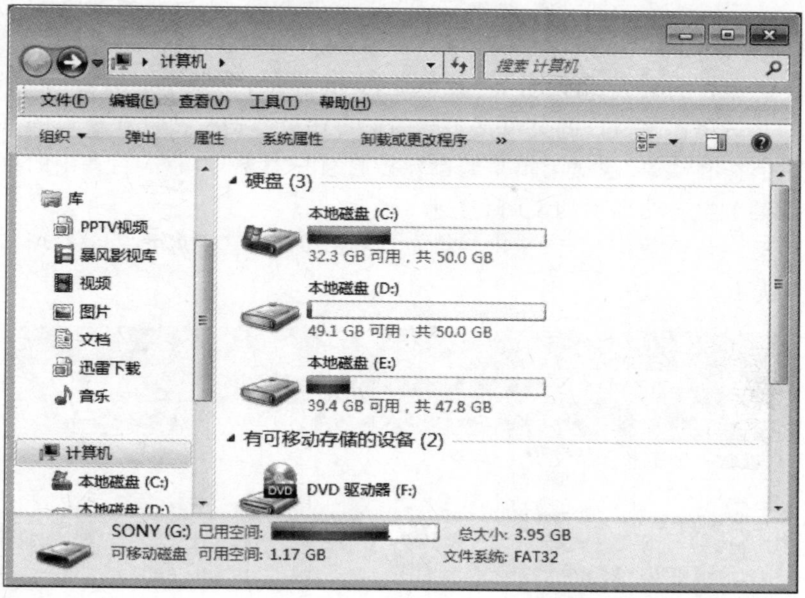

图 1-11 Windows 7 窗口的组成

2. 窗口的主要操作

(1) 窗口的移动。

将鼠标指向需要移动窗口的标题栏，并拖动鼠标到指定位置即可实现窗口的移动。最大化的窗口是无法移动的。

(2) 窗口的最大化、最小化和恢复。

通过使用窗口右上角的最小化按钮、最大化按钮或恢复按钮，可以实现窗口在这些形式之间切换。

(3) 窗口大小的改变。

当窗口不是最大时，可以改变窗口的宽度和高度。

① 改变窗口的宽度。将鼠标指向“计算机”窗口的左边或右边，当鼠标变成左右双箭头后，拖动鼠标到所需位置。

② 改变窗口的高度。将鼠标指向“计算机”窗口的上边或下边，当鼠标变成上下双箭头后，拖动鼠标到所需位置。

③ 同时改变窗口的宽度和高度。将鼠标指向“计算机”窗口的任意一个角，当鼠标变成倾斜双箭头后，拖动鼠标到所需位置。

(4) 窗口内容的滚动。

当“计算机”窗口中的内容较多，而窗口太小不能同时显示它的所有内容时，窗口的右边会出现一个垂直的滚动条，或在窗口的下边会出现一个水平的滚动条。通过移动滚动条，可以在不改变窗口大小和位置的情况下，在窗口框中移动显示其中的内容。

滚动操作包括以下 3 种：

① 小步滚动窗口内容。单击滚动箭头，可以实现一小步滚动。

② 大步滚动窗口内容。单击滚动箭头和滚动框之间的区域，可以实现一大步滚动。

③ 滚动窗口内容到指定位置。拖动滚动条到指定位置,可以实现随机滚动。

3. 菜单的基本操作

菜单是一些命令的列表。除“开始”菜单外,Windows 7 还提供了应用程序菜单、控制菜单和快捷菜单。不同程序窗口的菜单是不同的。程序菜单通常出现在窗口的菜单栏上。每个窗口还有一个控制菜单,快捷菜单是当鼠标指向某一对象时,右击后弹出的菜单。

关于下拉菜单中各命令项的说明和操作:

当菜单的某一条目被打开后,会出现一个下拉式菜单,其中的每一个选项是一个操作命令,如图 1-12 所示。

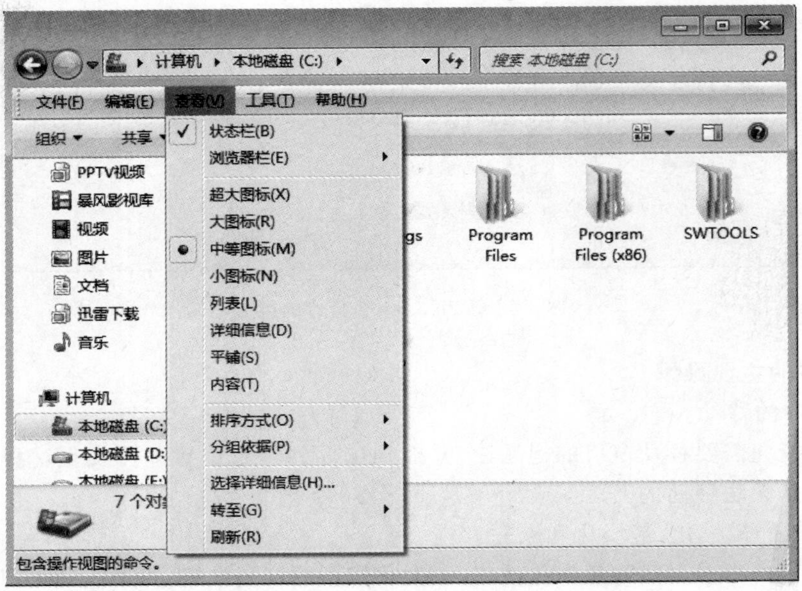

图 1-12　窗口菜单

(1) 显示暗淡的命令表示当前不能选用。例如,在“计算机”窗口中,单击“文件”菜单,其中的“属性”选项为暗淡色,单击窗口中的“(C:)”图标,使其呈现反白显示后,再打开“文件”菜单,此时“属性”选项变为清晰显示,转为可执行状态。

(2) 如果命令名后有符号“…”,则表示选择该命令时会弹出对话框,需要用户提供进一步的信息。例如,在“计算机”窗口中,单击“文件”菜单下的“查找”命令,出现“查找”对话框。

(3) 如果命令名后有一个指向右方的黑三角符号,则表示还会有级联菜单。例如,双击“计算机”图标,打开该窗口,单击“查看”菜单下的“排列图标”命令,观察出现的下级菜单。

(4) 如果命令名前面有标记√,或有一个标记●,则表示该项命令正处于有效状态。如果再次选择该命令,将删去该项命令前的√;选择别的命令,将删去该项命令前的●,且该命令不再有效。例如,在“计算机”窗口中,单击“查看”菜单下的“状态栏”命令,使其前面的√出现和消失,观察“计算机”窗口状态栏。

(5) 如果命令名的右边还有一个键符或组合键符,则该键符表示快捷键。使用快捷键可以直接执行相应的命令。

4. 对菜单的操作

(1) 打开某下拉菜单(即选择菜单)有以下两种方法。

① 用鼠标单击该菜单项处。

② 当菜单项后的方括号中含有带下划线的字母时,也可按 Alt+字母键。

(2) 在菜单中选择某命令有以下 3 种方法。

① 用鼠标单击该命令选项。

② 用键盘上的 4 个方向键将高亮条移至该命令选项,然后按 Enter 键。

③ 若命令选项后的括号中有带下划线的字母,则直接按该字母键。

(3) 撤销菜单。

打开菜单后,如果不想选取菜单项,则可以在菜单框外的任何位置上单击,即撤销该菜单。

5. 控制菜单

窗口的还原、移动、改变大小、最小化、最大化、关闭等操作,还可以利用控制菜单来实现。首先用鼠标单击控制按钮,就可以出现一个控制菜单。

6. 对话框操作

对话框实际上是一个小型的特殊的窗口,一般出现在程序执行过程中,提出选项并要求用户给予答复,图 1-13 显示了通过 Word 选择"格式"→"字体"命令所打开的"字体"对话框。

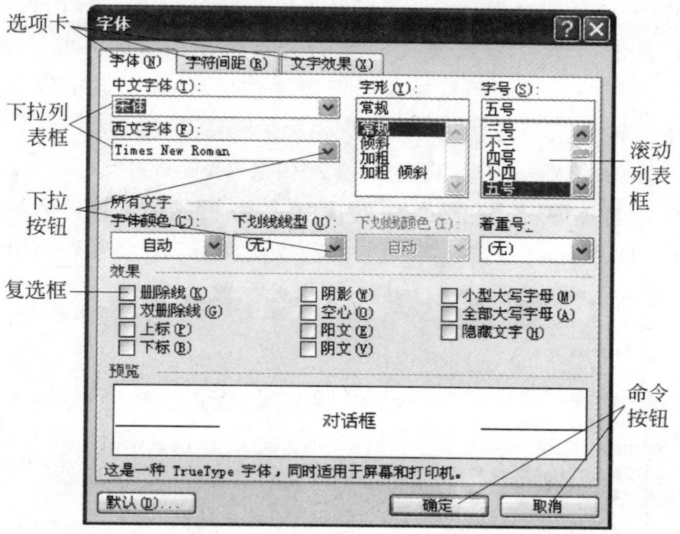

图 1-13 "字体"对话框及其标识

对话框中一般可能有若干个部分(称为"栏")组成,每一部分又主要包括列表框、单选按钮、复选框与数字微调按钮等。有的对话框含有若干个选项卡。

(1) 选项卡是对话框的组成部分,一般的对话框由几个选项卡组成。打开各选项卡,可对其内容进行相应的设置。

(2) 单选按钮一般是供用户单击选择用,被选择者其圆钮中间出现黑点。

(3) 复选框是供用户作多项选择用,被选定者其矩形框中出现√,未选定者其矩形框中为空。

(4) 列表框中列出可供用户选择的内容,一般包括下拉列表框和滚动列表框。

(5) 数字微调框是对话框中对相应项的数值进行设置的调整框,如 2 字符 等。可以通过微调框中的微调按钮即上三角按钮和下三角按钮增加或减少数值,也可以在其中直接输入数值。

(6) 命令按钮是对话框中各操作的执行按钮。单击命令按钮,即可完成相应的操作。

对话框的类型比较多。不同类型的对话框中所包含的部分是各不相同的。

实验 1-5　汉字输入法的设置及使用

【实验目的和要求】

- 掌握汉字输入法的设置及删除方法;
- 掌握汉字输入法的转换方法;
- 掌握一种汉字输入法。

【实验内容和步骤】

1. 中文输入法的选择

中文 Windows 7 系统默认状态下,为用户提供了微软拼音、全拼、智能 ABC、郑码等多种汉字输入方法。系统启动后,在任务栏右侧的公告区显示有输入法图标,它表示键盘处以英文输入状态。用户可以使用鼠标法或键盘法选用、切换不同的汉字输入法。

用鼠标选择中文输入法的方法如下:

单击任务栏右侧的输入法图标,将显示输入法菜单,如图 1-14 所示。在输入法菜单中选择输入法图标或其名称即可改变输入法,同时在任务栏显示出该输入法图标,并显示该输入法状态栏,如图 1-15 所示。右击任务栏上的输入法图标,在快捷菜单中选"设置"命令,可打开"文字服务和输入语言"对话框进一步进行相关设置。

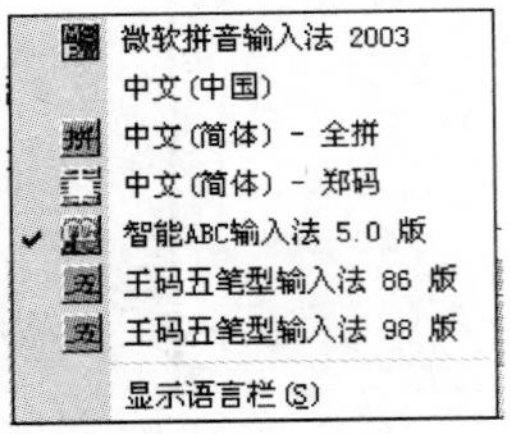

图 1-14　输入法菜单图

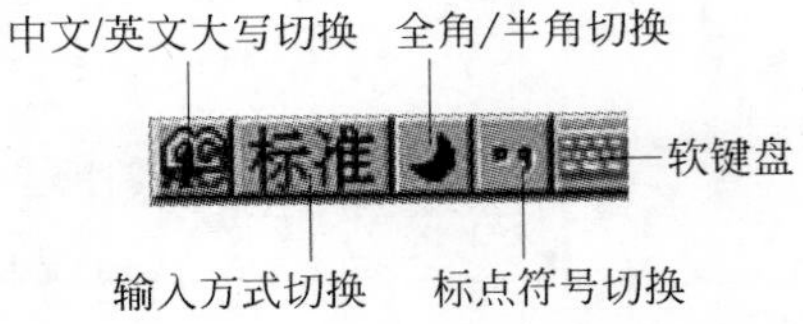

图 1-15　输入法状态栏及其标识

2. 输入法的切换

(1) 按 Ctrl+Shift 键切换输入法。每按一次 Ctrl+Shift 键,系统按照一定的顺序切换到下一种输入法,这时在屏幕上和任务栏上改换成相应输入法的状态窗口和它的图标。

(2) 按 Ctrl+Space 键启动或关闭所选的中文输入法,即完成中英文输入方法的切换。或按 CapsLock 键实现中英切换。注意,当按 CapsLock 键后,输入的英文字母为大写,除非同时按住 Shift 键。

3. 汉字输入法的设置/删除

在“任务栏”中右击“输入法”，弹出右键菜单如图 1-16(a)所示。单击“设置”命令，打开“文本服务和输入语言”对话框如图 1-16(b)所示，使用“添加”和“删除”来修改列表。

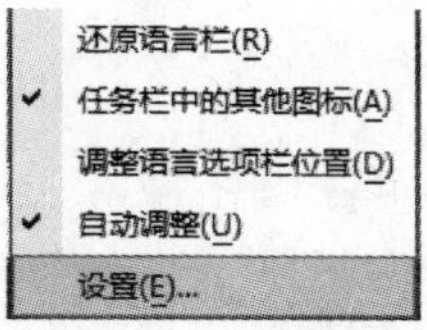

(a)“输入法”右键菜单

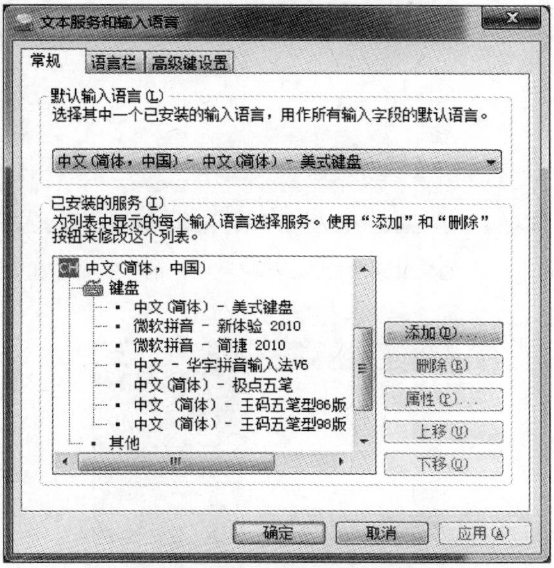

(b)“文本服务和输入语言”对话框

图 1-16　输入法的设置

(1) 语言栏设置。

在如图 1-17 所示的“文本服务和输入语言”对话框“语言栏”选项卡中，可对语言栏进行设置。

(2) 利用“智能 ABC”进行汉字输入。

智能 ABC 输入法是 Windows 7 中一种比较常用的输入方法，既可以用全拼，又可以用简拼，还有混拼、笔形、音形和双打，如果汉语拼音比较熟悉，使用起来非常灵活。

操作步骤如下：

① 选择智能 ABC 输入法。

② 输入汉字编码。输入汉字时应在英文字母的小写状态。当输入了对应汉字的编码时，屏幕将显示输入窗口，输入后按 Space 键，屏幕将显示出该汉字编码的候选汉字窗口。图 1-18 所示的是利用智能 ABC 输入法输入了拼音字母 shu，按 Space 键后在候选汉字窗口显示了当前输入的汉字编码所对应的汉字。如果汉字编码输入有错，可以用退格键修改，按 Esc 键或单击窗口外某处放弃。

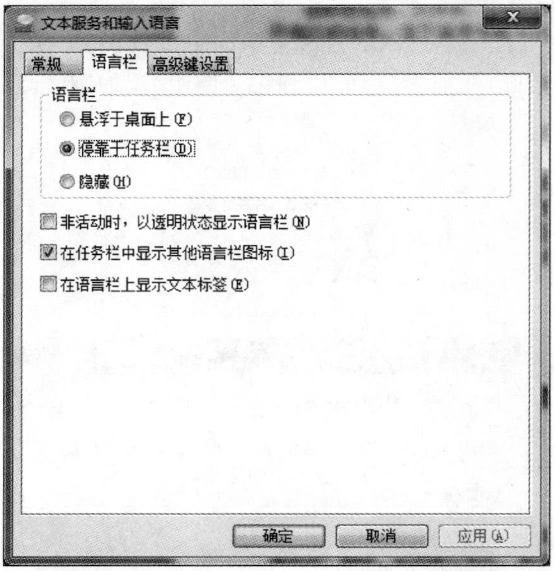

图 1-17 “文本服务和输入语言”对话框的“语言栏”选项卡

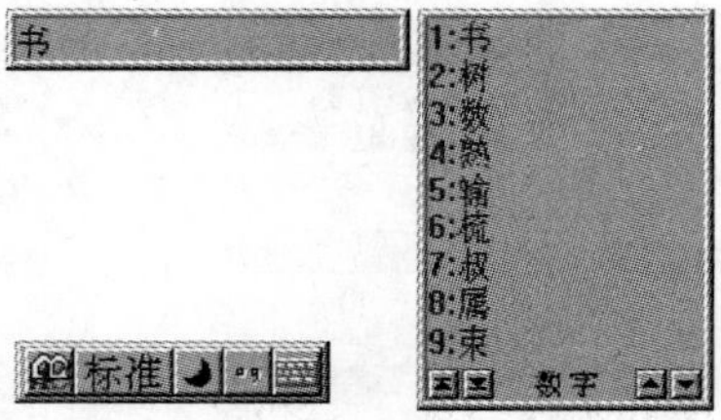

图 1-18 ABC 输入法编码窗口

③ 选取汉字。对显示在候选汉字窗口中的汉字,使用所需汉字前的数字键选取。例如,在图 1-18 中要选取“数”字,可以按 3 键,也可单击“数”字,候选汉字中的第一个汉字也可以用空格键选取。如果当前列表中没有需要的汉字,使用=或[键向前翻页,用—或]键向后翻页,或单击候选汉字窗口中的下一页或上一页按钮进行翻页,直至所需汉字显示在候选汉字窗口中。

(3) 用“记事本”建立一个文档。

打开“记事本”:

① 单击任务栏中“开始”→“所有程序”→“附件”→“记事本”命令,即可打开“记事本”编辑窗口。

② 输入文本内容:选定一种输入法,逐字输入一段 200 字的文本内容。

③ 打开“文件”菜单,单击“保存”命令后,弹出“另存为”对话框。当选定“保存在”、“文件名”和“保存类型”后,单击“保存”按钮,则文件存盘且对话框自动关闭。如果关闭“记事本”窗口,只要单击窗口右上角的关闭按钮 ☒ 即可。

实验 1-6　资源管理器和文件管理

【实验目的和要求】

- 熟悉资源管理器的特点与作用；
- 了解“资源管理器”窗口的分层结构；
- 掌握文件和文件夹的基本操作。

【实验内容和步骤】

按照用户所使用的计算机上的现有的素材，按以下方法和步骤完成实验操作。

1. 打开资源管理器窗口

打开资源管理器的方法有以下两种：

方法一：在“开始”按钮上右击，在弹出的快捷菜单中选择“资源管理器”命令，即可打开“资源管理器”窗口。

方法二：在“计算机”图标上右击，在弹出的快捷菜单中选择“资源管理器”命令，也可打开“资源管理器”窗口。

上述方法均可进入如图 1-19 所示的“资源管理器”。

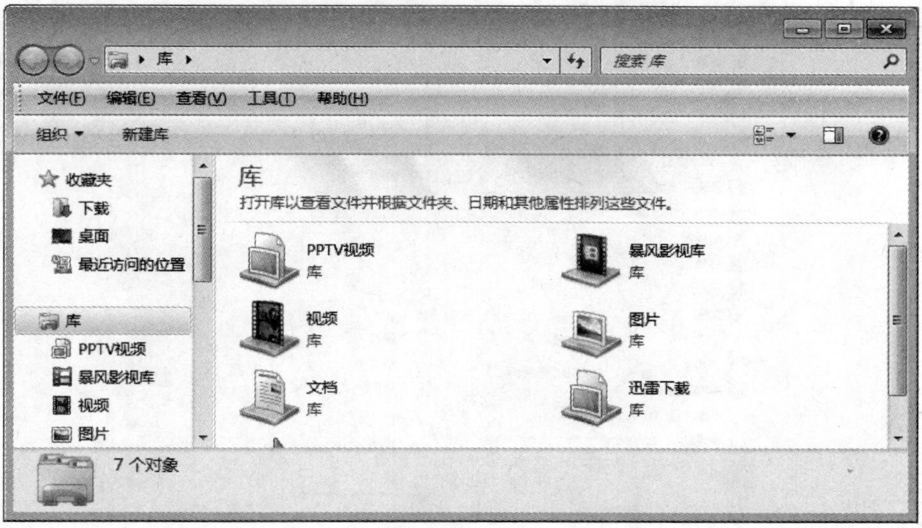

图 1-19　“资源管理器”窗口

2. 查看文件夹的分层结构

资源管理器分左右两个窗口。

查看文件夹的分层结构可以有以下两种方式。

(1) 查看当前文件夹中的内容。

在“资源管理器”左窗口(即文件夹树窗口)中单击某个文件夹名或图标，则该文件夹被选中，成为当前文件夹，此时在右窗口(即文件夹内容窗口)即显示该当前文件夹中下一层的所有子文件夹与文件。

(2) 展开文件夹树。

在"资源管理器"的文件夹树窗口中,可以看到在某些文件夹图标的左侧含有"空心三角符号"或"实心黑色三角符号"的标记。如果文件夹图标左侧有"空心三角符号"标记,则表示该文件夹下还含有子文件夹,只要单击该"空心三角符号"标记,就可以进一步展开该文件夹分支,从而可以从文件夹树中看到该文件夹中下一层子文件夹。如果文件夹图标左侧有"实心黑色三角符号"标记,则表示该文件夹已经被展开,此时若单击该"实心黑色三角符号"标记,则将该文件夹下的子文件夹折叠起来,该标记变为"空心三角符号"。如果文件夹图标左侧既没有"空心三角符号"标记,也没有"实心黑色三角符号"标记,则表示该文件夹下没有子文件夹,不可进行展开或折叠操作。

3. 设置文件排列形式

为了便于对文件或文件夹进行操作,可以将文件夹内容窗口中文件与文件的显示方式进行调整。方法如下:

(1) 单击"资源管理器"窗口菜单栏中的"查看"菜单项,即打开"查看"菜单,如图1-20所示。

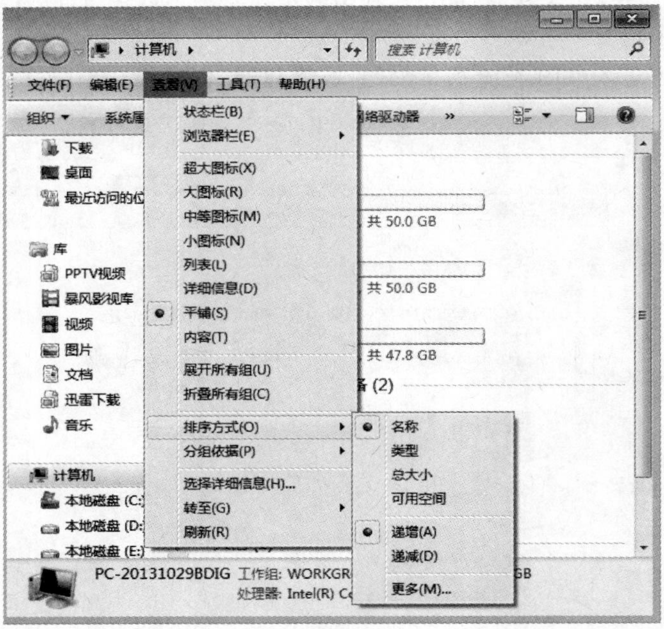

图 1-20 "查看"菜单

在"查看"菜单中,有5种调整文件夹内容窗口显示方式的命令,其意义如下所示:

- 图标:以多行显示文件与文件夹的名称和小图标。既可显示更多的文件与文件夹,也方便对文件与文件夹的选取、复制和删除操作。其中有小图标、中等图标、大图标和超大图标。
- 列表:以多列显示文件与文件夹的名称和更小的图标,可显示最多的文件与文件夹内容。
- 详细信息:以单列显示小图标和文件与文件夹的名称、大小、类型、修改时间等详细信息。可利用这些信息对文件夹内容进行排序。

- 平铺：以多行显示直观的大图标及文件与文件夹的名称，是默认的查看方式。
- 内容：显示为多行直观的缩略图及文件与文件夹名称，便于快速浏览图像文件。

在“查看”菜单中，还有一个用于调整文件夹内容窗口中文件与文件夹排列顺序的“排列方式”命令。当选择“排列方式”命令后，将显示级联菜单。

(2) 在“资源管理器”窗口中右击，即显示快捷菜单，在该菜单中再选择“排列方式”命令，则显示一个包含上述调整文件与文件夹排列顺序的命令的菜单。

4. 磁盘操作

在本实验中，请准备一个 U 盘，并将其进行格式化处理，磁盘操作主要包括磁盘复制、磁盘格式化、磁盘整理等。

格式化 U 盘的操作步骤如下：

(1) 在 USB 接口中插入要格式化的 U 盘。

(2) 打开“计算机”窗口，然后在“计算机”窗口中右击要格式化的可移动磁盘，此时显示快捷菜单，如图 1-21 所示。

图 1-21　右击可移动磁盘(U 盘)后的快捷菜单

或在“计算机”窗口中单击要格式化的磁盘后，再单击“文件”菜单项，此时文件菜单与图 1-21 所示的快捷菜单是一样的。

注意：不能双击磁盘图标，因为在“计算机”和“资源管理器”中打开的磁盘是无法格式化的。

(3) 在快捷菜单或“文件”菜单中，单击“格式化”命令，即显示“格式化”对话框，如图 1-22 所示。

(4) 选择“格式化选项”后单击“开始”按钮，即开始格式化。

在“格式化选项”中，“快速格式化”是指对已经格式化过的盘进行格式化，此时实际上只清除其中的文件。

(5) 格式化完成后,显示格式化结束对话框,单击“确定”按钮,格式化过程结束。

注意:格式化磁盘将破坏其中原来的所有信息。当磁盘上已经有文件被打开时,该磁盘是不能格式化的。

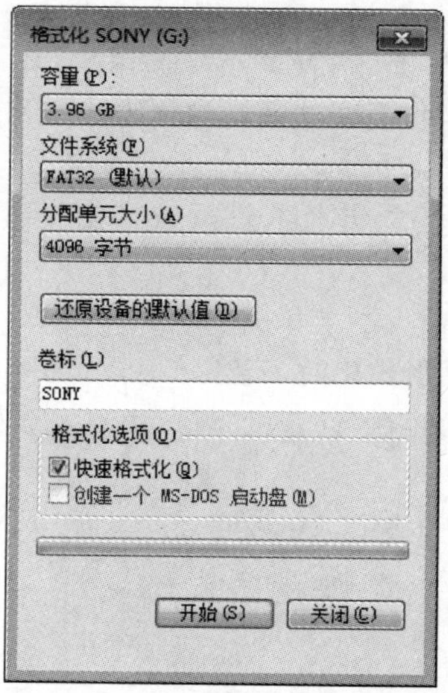

图 1-22 格式化可移动磁盘(U 盘)对话框

5. 搜索文件或文件夹

搜索文件或文件夹的具体操作步骤如下:

(1) 单击开始菜单,在“搜索程序和文件”文本框中输入要查找的文件名,如计算机,打开如图 1-23 所示的“搜索”界面Ⅰ。

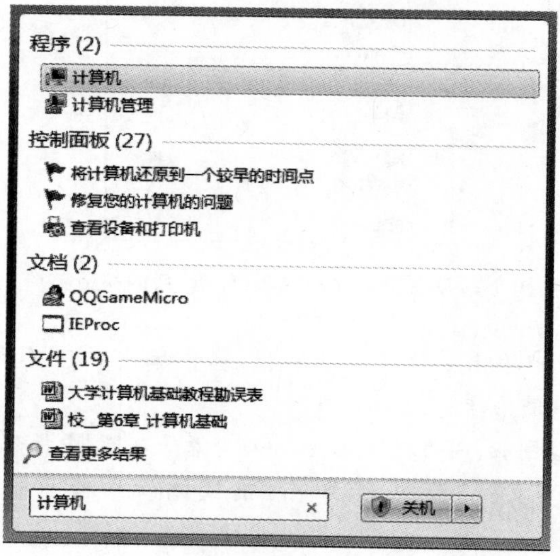

图 1-23 “搜索”界面Ⅰ

(2) 单击图 1-23 中的"文档"超链接，打开"搜索"界面Ⅱ，如图 1-24 所示；也可以在图 1-24 中窗口右上角的文本框中直接输入要查找的文件名。

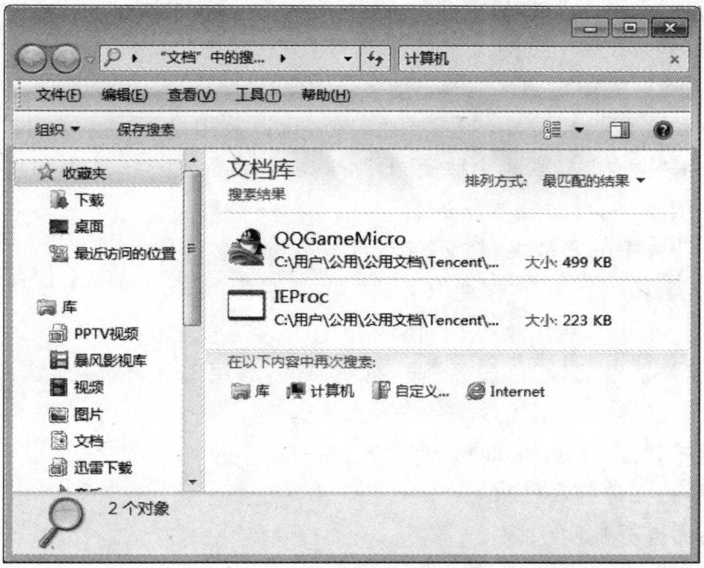

图 1-24 "搜索"界面Ⅱ

(3) 单击"查看更多结果"可以查看所有与"计算机"关键词有关的文件。

6. 新建文件夹和文件

下面在 D 盘下建立一个名为"作业"的文件夹，具体操作步骤如下：

(1) 打开 D 盘，在其空白位置右击，在弹出的快捷菜单中选择"新建"→"文件夹"命令，D 盘中即新建一个相应的文件夹。

(2) 给文件夹取一个名字"作业"，输入完毕，按 Enter 键即可。

7. 选定文件与文件夹

(1) 选定单个文件或文件夹。

单击要选定的文件或文件夹的图标或名称即可。

(2) 选定一组连续排列的文件或文件夹。

单击要选定的文件或文件夹组中第一个的图标或名称，然后移动鼠标指针到该文件或文件夹组中最后一个的图标或名称，最后按下 Shift 键并单击。

(3) 选定一组非连续排列的文件或文件夹。

在按下 Ctrl 键的同时，单击每一个要选定的文件或文件夹的图标或名称。

(4) 选定几组连续排列的文件或文件夹。

利用步骤(2)中的方法先选定第一组；然后按下 Ctrl 键的同时，单击第二组中第一个文件或文件夹图标或名称，再按下 Ctrl +Shift 键，单击第二组中最后一个文件或文件夹图标或名称；依次类推，直到选定最后一组为止。

(5) 选定所有文件和文件夹。

要选定当前文件夹内容窗口中的所有文件和文件夹，只要单击"资源管理器"窗口"编辑"菜单中的"全部选定"命令即可；也可以按 Ctrl+A 键。

(6) 取消选定文件。

如果取消已选定的文件和文件夹,可按住 Ctrl 键,再单击每一个文件;如果全部取消,则单击窗口中任何空白处即可。

打开"资源管理器"中 C 盘的 Msoffice 文件夹,对其中的文件进行上述操作的练习。

8. 文件或文件夹的重命名

对于已建立的文件夹或文件,若需要改名称,可以采用以下方法实现。

方法一:单击"文件"菜单或快捷菜单中的"重命名"命令后,该需要换名的文件或文件夹名称成为可编辑状态,此时输入新的名称,按 Enter 键即可。

方法二:对已选中的文件夹,按 F2 键,可进行重命名操作。

下面是将 D 盘下一个名为"作业"的文件夹,更名为"学习"的操作步骤:

① 打开 D 盘,单击选定的文件夹"作业"。

② 从"文件"菜单中选择"重命名"命令;或右击选定的文件夹,从快捷菜单中选择"重命名"命令。

③ 输入"学习",按 Enter 键即可。

9. 复制或移动文件与文件夹

(1) 利用鼠标进行复制。

利用鼠标复制文件与文件夹的操作如下:

① 打开窗口。

② 在文件夹树窗口(左半窗口)中选中需要复制的文件与文件夹所在的文件夹(称为源文件夹)。此时,需要复制的文件与文件夹将显示在文件夹内容窗口(右半窗口)中。

③ 利用前面介绍的方法,在文件夹内容窗口中选定需要复制的文件与文件夹。

④ 在文件夹树窗口中使目的位置的文件夹成为可见,然后按住 Ctrl 键,鼠标指针指向右半窗口中被选定的任意一个文件与文件夹,再按住鼠标左键,拖曳鼠标至左窗口中的目的位置文件夹的右侧(该文件夹名呈反向显示)后释放鼠标,此时就可以在窗口中看到文件与文件夹复制的过程。

(2) 利用"编辑"菜单复制文件或文件夹。

利用"编辑"菜单复制文件与文件夹,把 D 盘中的文件夹"学习"复制到 E 盘的操作如下:

① 单击选定的文件夹"学习"。

② 执行"编辑"→"复制"命令。

③ 打开要存放的 E 盘。

④ 执行"编辑"→"粘贴"命令。

(3) 利用鼠标移动文件或文件夹。

利用鼠标移动文件与文件夹的操作如下:

① 打开"资源管理器"窗口。

② 在文件夹树窗口(左半窗口)中选中需要移动的文件与文件夹所在的文件夹(称为源文件夹),此时需要移动的文件与文件夹将显示在文件夹内容窗口(右半窗口)中。

③ 利用前面介绍的方法,在文件夹内容窗口中选定需要移动的文件与文件夹。

④ 在文件夹树窗口中使目的位置的文件夹成为可见,然后按 Shift 键,将鼠标指针指向右半窗口中被选定的任意一个文件与文件夹,再按住鼠标左键,拖曳鼠标至左窗口中的目的

位置文件夹的右侧(该文件夹名呈反向显示)后释放鼠标,此时就可以在窗口中看到文件与文件夹移动的过程。

(4) 利用菜单移动文件或文件夹。

利用“编辑”菜单移动文件与文件夹,把 D 盘中的文件夹“学习”移动到 E 盘的操作如下:

① 单击选定的文件夹“学习”。

② 执行“编辑”→“剪切”命令。

③ 打开要存放的 E 盘。

④ 执行“编辑”→“粘贴”命令。

10. 删除文件与文件夹

(1) 利用“回收站”图标删除文件与文件夹。

用鼠标拖曳,也可以用“编辑”菜单中的“剪切”命令,只不过其目标文件夹为“回收站”。

(2) 利用菜单操作删除文件与文件夹。

利用菜单删除文件与文件夹的操作如下:

① 选定需要删除的文件与文件夹。

② 执行“文件”→“删除”命令,出现如图 1-25 所示的对话框。

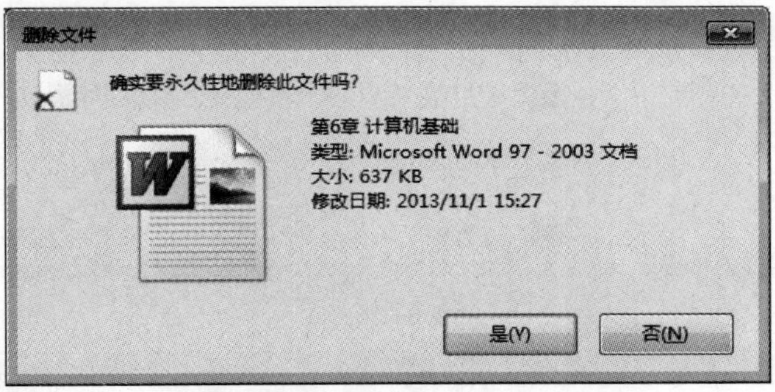

图 1-25 “删除文件”对话框

③ 要求对文件删除做进一步的确认,单击“是”按钮,即可删除所选文件或文件夹。

需要指出的是,在硬盘上不管是采用哪种途径删除的文件与文件夹,实际上只是将其移动到了“回收站”中。如果想恢复已经删除的文件,可以到“回收站”文件夹中去查找,在清空“回收站”之前,被删除的文件与文件夹都一直保存在那里。只有当执行清空“回收站”操作后,才将“回收站”文件夹中所有文件与文件夹真正从磁盘中删除。

如果不想放入“回收站”中,可按住 Shift 键,然后执行删除命令,这样可以真正的删除;按住 Shift 键再按 Delete 键也可以永久性删除文件与文件夹。

实验 1-7 控制面板及其操作

【实验目的和要求】

- 熟悉控制面板的功能和特点;
- 掌握控制面板的常用操作;

- 掌握设置显示器和屏幕保护程序的方法；
- 学会添加和删除程序。

【实验内容和步骤】

按照所使用的计算机上的现有的素材，按以下方法和步骤完成实验操作。

1. 进入控制面板

双击桌面图标“计算机”，在窗口中双击“控制面板”；可以选择以大图标或小图标的方式显示，如图 1-26 所示。

(a) 大图标视图

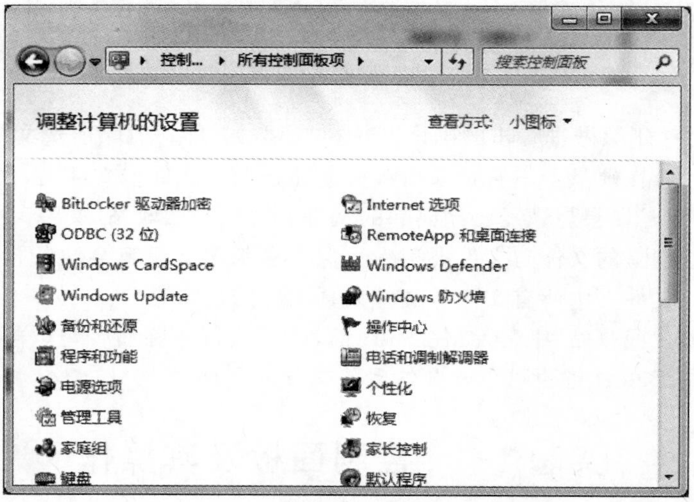

(b) 小图标视图

图 1-26 “控制面板”窗口

2. 显示器属性的设置

(1) 显示器背景的设置。

① 单击“控制面板”中的“显示”图标，出现如图 1-27 所示的对话框。

② 选择“个性化”标签，打开“更改计算机上的视觉效果和声音”对话框。

③ 单击“桌面背景”，可以在对话框的示例中看到该墙纸的样式。

④ 依次选择“图片位置(P)”为“填充”、“适应”、“拉伸”、“平铺”、“居中”等，并单击“应用”按钮，观察不同的效果。

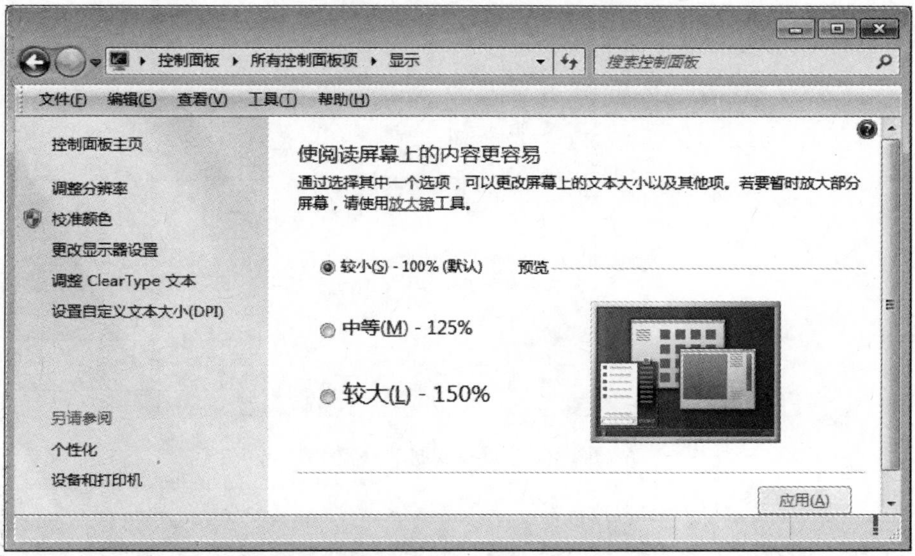

图 1-27 “显示属性”对话框

(2) 设置屏幕保护程序。

① 在“更改计算机上的视觉效果和声音”对话框中单击“屏幕保护程序”标签，打开的对话框如图 1-28 所示。

② 在“屏幕保护程序”列表框中选定一种屏幕保护图案，如选择“照片”。

③ 观察对话框中示例的效果，再单击“确定”按钮。系统的屏幕保护设置成功。

④ 单击“设置”按钮，将显示相应的设置对话框，图 1-29 为选择“照片”后的设置对话框。

⑤ 可设定屏幕显示的等待时间，如果计算机空闲时间超过“等待”中指定的分钟数，屏幕保护程序便启动。

⑥ 如果要设置字幕，在“屏幕保护程序”列表框中选定“三维文字”，单击“设置(T)”按钮，弹出“三维文字设置”对话框，如图 1-30 所示。在“自定义文字”框输入显示的文字内容，如 Windows 7。根据自己的喜好，对“文本”、“分辨率”、“动态”和“表面样式”进行设置。

⑦ 可以选择“镜面高亮显示”。

(3) 窗口的外观设置复选框。

① 单击“显示”对话框中“窗口颜色和外观”标签或在个性化设置中选择“窗口颜色”，出现如图 1-31 所示的“窗口颜色和外观”窗口界面。

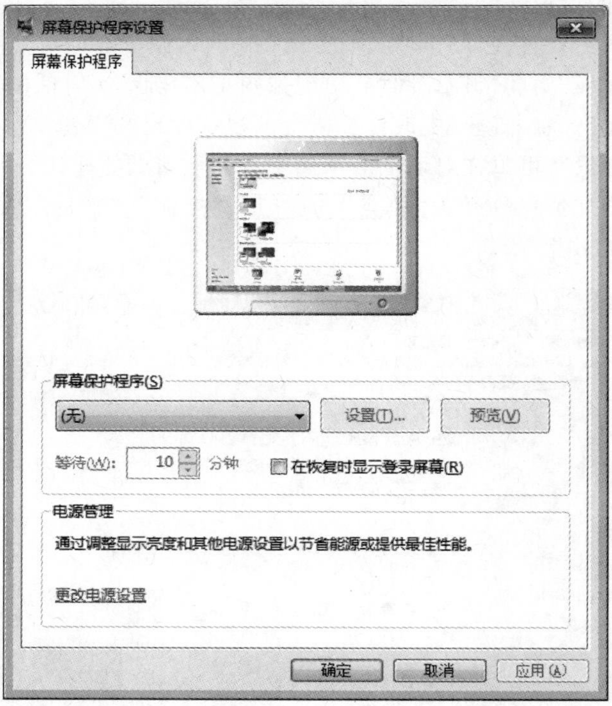

图 1-28 “屏幕保护程序”标签

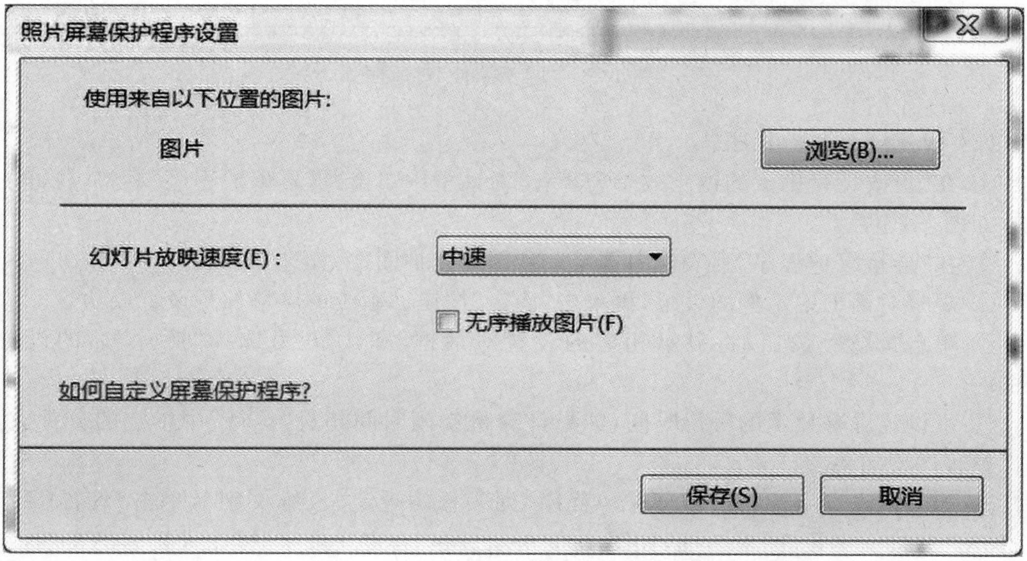

图 1-29 选择“照片”后的设置对话框

② 对单个窗口的样式、颜色与字体的大小进行设置。观察所有窗口的色彩方案。

③ 如果设置完成，单击“确定”按钮；或单击“取消”按钮，以便恢复原来的参数。

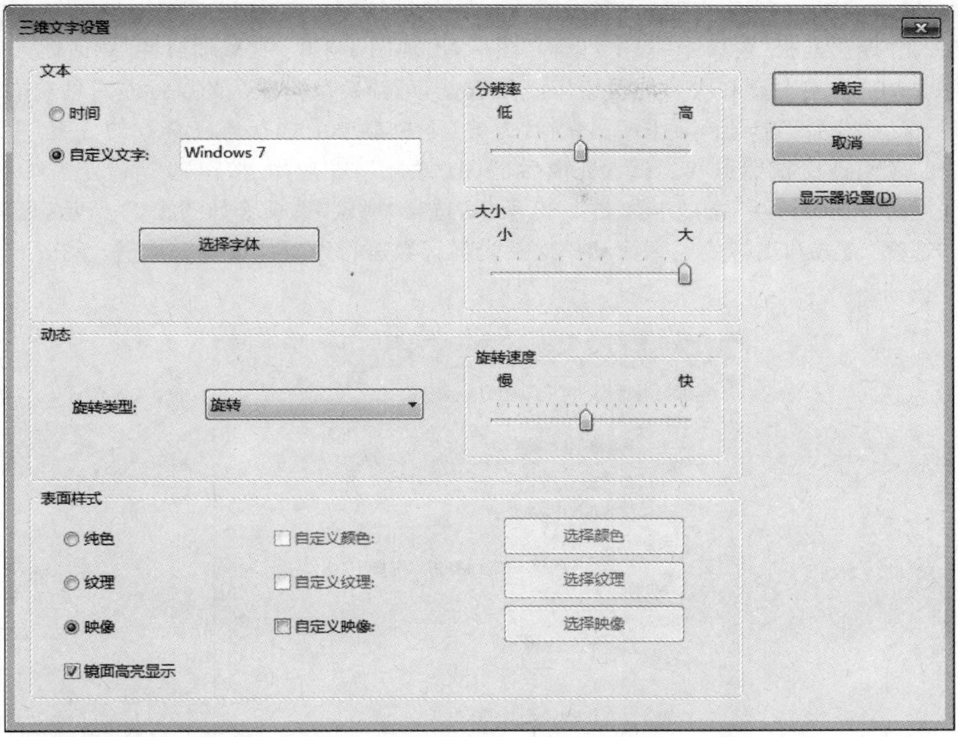

图 1-30　“三维文字设置”对话框

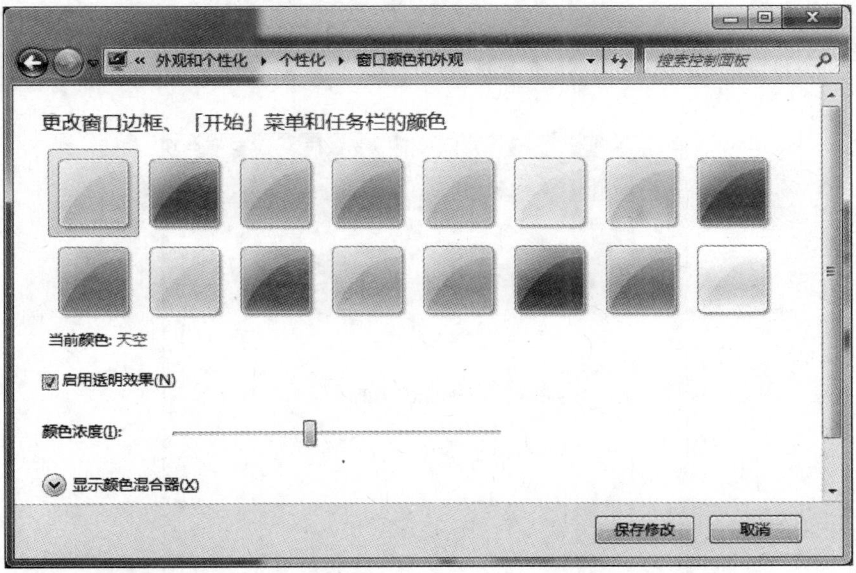

图 1-31　“窗口颜色和外观”窗口

3. 鼠标设置

① 在“控制面板”窗口中,双击“鼠标”图标,出现图1-3中的“鼠标属性”对话框。

② 选中“切换主要和次要的按钮(S)”复选框,可调换系统默认的鼠标左右键功能。

③ 选择“指针”选项卡,见图1-4。在“方案”下拉菜单中选择自己喜欢的方案,单击“应用”按钮,就可改变鼠标形状。设置完成后,单击“确定”或“应用”按钮。

④ 选择“指针选项”选项卡如图1-32所示,选择“滑轮”选项卡如图1-33所示,可对鼠标移动的速度、方式和鼠标的轮每滚动一次及光标行数进行设置。设置完成后,单击“确定”或“应用”按钮。

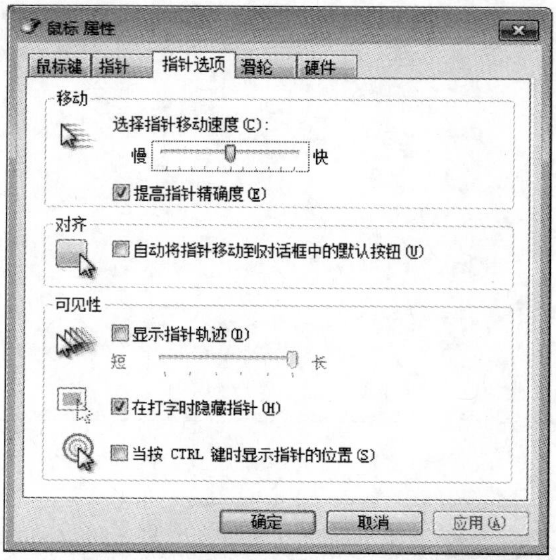

图1-32 “鼠标属性”对话框的“指针选项”选项卡

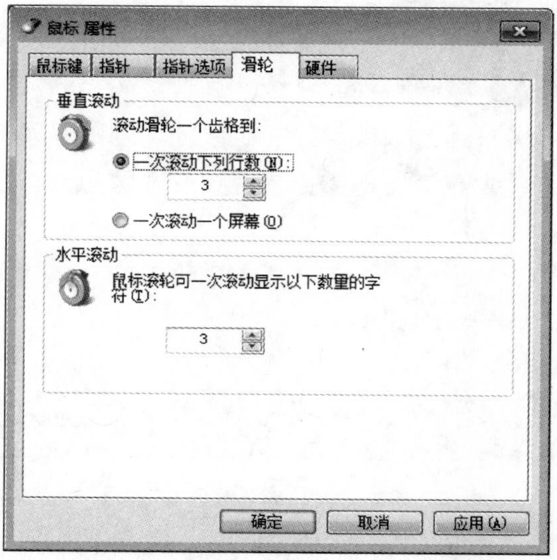

图1-33 “鼠标属性”对话框的“滑轮”选项卡

4. 键盘设置

(1) 在“控制面板”窗口中双击“键盘”图标，即显示“键盘属性”对话框。“速度”选项卡如图 1-34 所示，“硬件”选项卡如图 1-35 所示。

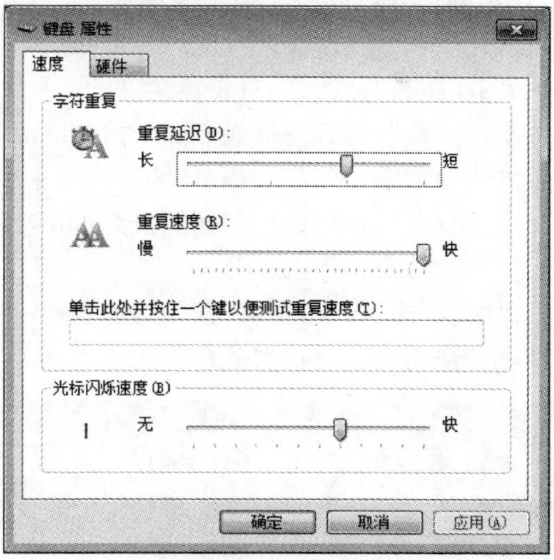

图 1-34 “键盘属性”对话框的“速度”选项卡

(2) 在图 1-34 中，可以设置以下几个参数。

① 字符重复延迟。按重复字符时延缓时间的长短。一般设为“短”，以便使字符显示时间加快。

② 字符重复速度。按字符的重复速度。一般设为“中”。用鼠标拖曳滑块，分别调整相应的重复延迟时间和重复速度，按下键盘上的任意一键进行测试。

③ 光标闪烁频率。光标闪烁速度的快慢。用鼠标拖曳滑块，提供前面闪烁的光标确定所需调整的闪烁速度。

图 1-35 “键盘属性”对话框的“硬件”选项卡

5. 删除程序

在 Windows 7 中,卸载应用程序一般有两种方法。

方法一：使用软件自有的卸载程序。

使用软件自有的卸载程序卸载“腾讯软件”的步骤如下：

① 执行“开始”→“所有程序”→“腾讯软件”→“卸载”命令。

② 在打开的对话框中单击“卸载”按钮,进行程序的卸载。

③ 出现删除过程窗口,单击“确定”按钮,彻底删除程序；单击“取消”按钮,取消卸载。

方法二：使用“控制面板”中的“添加或删除程序”的步骤如下：

① 在“控制面板”中双击“默认程序”对话框中的“程序和功能选项”打开如图 1-36 所示的“卸载或更改程序”窗口。

② 选中要进行删除的程序,单击“卸载/更改”按钮,进行程序的卸载。

③ 出现删除过程窗口,单击“确定”按钮,彻底删除程序；单击“取消”按钮,取消卸载。

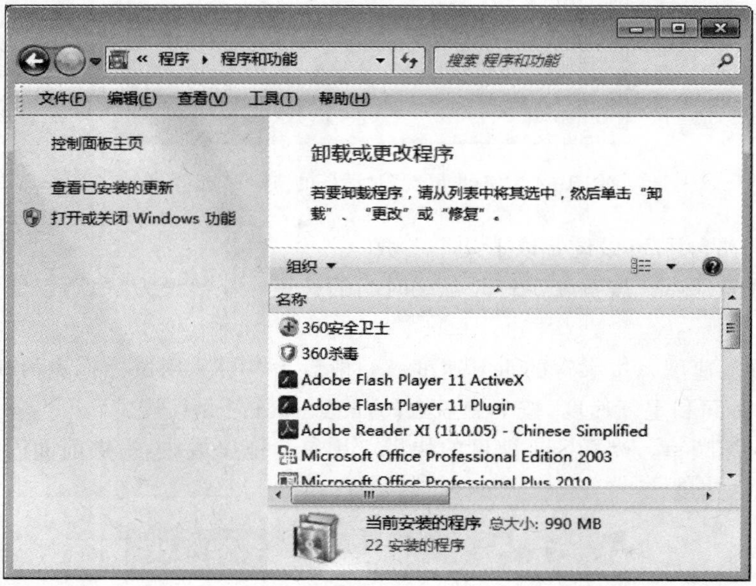

图 1-36 “卸载或更改程序”窗口

第 2 章　Word 2010 基本操作

实验 2-1　Word 2010 基本操作

【实验目的和要求】

- 掌握 Word 2010 的启动和退出方法；
- 了解 Word 2010 窗口的基本组成；
- 掌握文档的建立、简单录入、保存、查找、打开等基本操作。

【实验内容和步骤】

1. 启动 Word 2010

进入操作系统(如 Windows 7)后，可以用以下几种方法启动 Word 2010。

方法一：执行“开始”→“所有程序”→Microsoft Office→Microsoft Office Word 2010 命令，启动 Word 2010。

方法二：双击桌面上的 Microsoft Office Word 2010 的快捷菜单图标启动 Word 2010。

方法三：双击任一个已存在的 Word 2010 文档。此法不仅可启动 Word 2010，且同时打开了该文档。

启动 Word 2010 成功后，屏幕上将出现如图 2-1 所示的窗口。

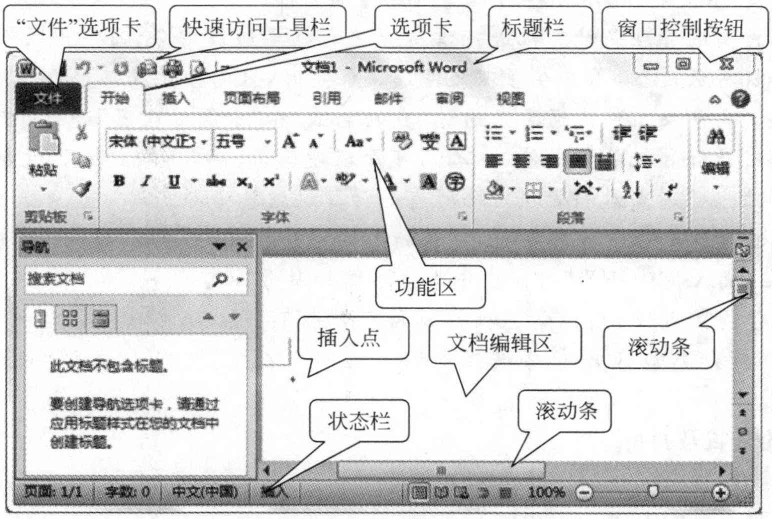

图 2-1　Word 2010 窗口

2. 退出 Word 2010

方法一：在 Word 2010 窗口的"文件"菜单中选择退出命令。

方法二：使用应用程序窗口中的关闭按钮。

方法三：按 Alt+F4 键退出。

3. 文档的创建及保存

方法一：Word 2010 启动后系统会自动建立一个以"文档 1"为标题的新文档，此时即可在文档编辑窗口中输入信息。

方法二：执行"文件"→"新建"命令，弹出"可用模板"对话框，在"可用模板"中选择"空白文档"。

方法三：在 Word 窗口中，单击"快速访问工具栏"中的"新建空白文档"按钮。

实践操作：

(1) 启动 Word 2010。

(2) 在新建立的文档编辑窗口中，录入下面的内容：

文件管理

文件名由文件主名和扩展名组成，两者之间用"."分隔。文件主名一般由用户自己定义，文件的扩展名标识了文件的类型和属性，一般都有比较严格的定义，如命令程序的扩展名为 COM，可执行程序的为 EXE，由 Word 建立的文档文件为 DOC，ASCII 文本文件为 TXT，位图格式的图像文件为 BMP 等。在 Windows 中，每个文件在打开前是以图标的形式显示的。每个文件的图标可能会因其类型不同而有所不同，而系统正是以不同的图标提示文件的类型。

文件夹就是存储文件和下级文件夹的树形目录结构。Windows 系统通过文件夹名来访问文件夹。Windows 中的文件夹不仅表示了目录，还可以表示驱动器、设备、公文包和通过网络连接的其他计算机等。

文件的完整路径包括服务器名称、驱动器号、文件夹路径、文件名和扩展名，最多可包含 255 个字符。文件(夹)名中不能包含以下 9 个字符：\、/、:、*、?、"、＜、＞、|。

文件及文件夹的管理是计算机进行信息管理的重要组成部分，每一个文件或文件夹都有相应的计算机存放地址，用户在管理文件或文件夹时，只需按照其路径即可查找到相应的文件或文件夹。文件及文件夹通常是通过"我的电脑"和"资源管理器"进行管理。

"我的电脑"是计算机管理文件的工具，可管理硬盘、映射网络驱动器、文件夹等。用户可以通过"我的电脑"来查看和管理几乎所有的计算机信息资源。

注意：通过键盘无法输入的字符，可执行"插入"→"符号"命令，弹出"符号"对话框，如图 2-2 所示，在"插入特殊符号"对话框中单击所需的符号即可。

(3) 对建立的文档进行保存。执行"文件"→"保存"命令，弹出如图 2-3 所示的"另存为"对话框，在"保存类型"列表框中选择 "Word 文档"，在"文件名"文本框中输入"练习"，单击"保存"按钮。

4. 文档的查找及打开

方法一：执行"文件"→"打开"命令。

方法二：双击桌面上 Word 2010 的快捷方式。

方法三：双击已存在的 Word 文档。

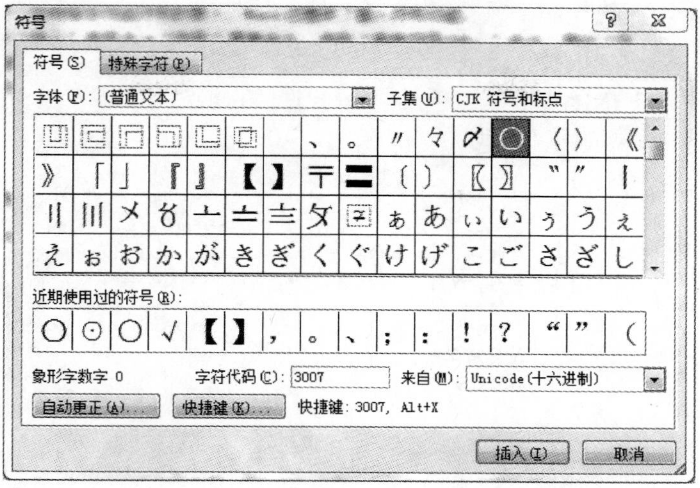

图 2-2 “符号”对话框

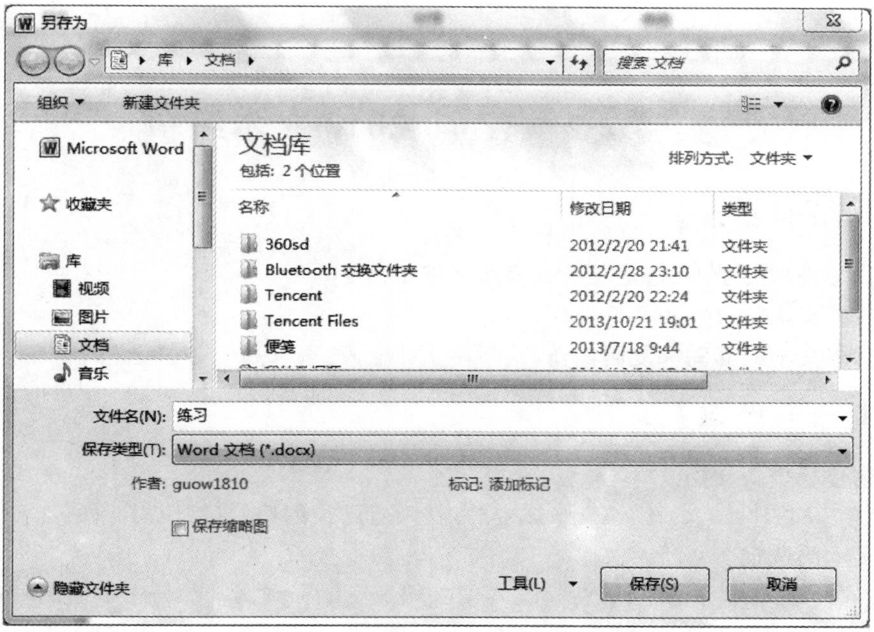

图 2-3 “另存为”对话框

实践操作：打开“我的文档”中的 Word 2010 文档“练习. DOCX”。

操作步骤如下：

(1) 启动 Microsoft Word 2010。

(2) 执行“文件”→“打开”命令，弹出“打开”对话框，如图 2-4 所示。

(3) 在“导航窗格”中选择“库”中的“文档”。

(4) 选择“文档库”中的“练习. DOCX”，单击“打开”按钮。

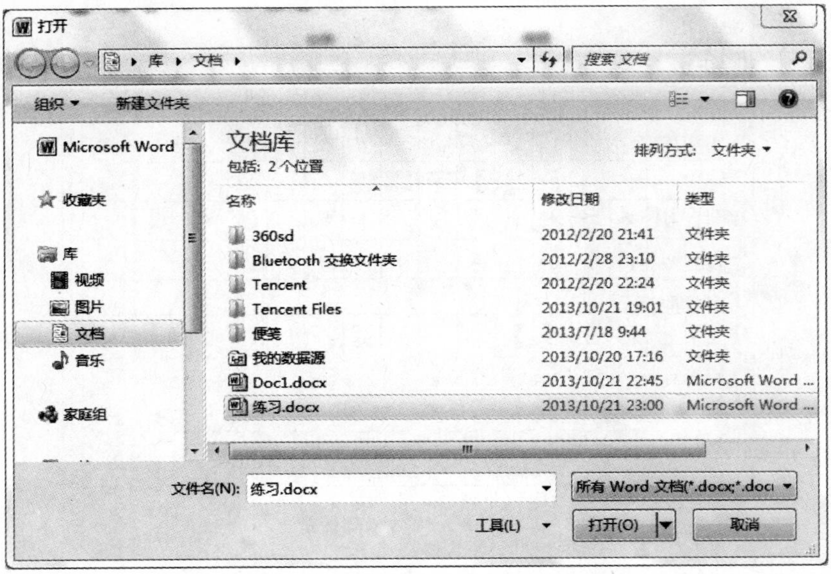

图 2-4 “打开”对话框

实验 2-2 Word 2010 文本编辑

【实验目的和要求】

- 掌握文本的录入、选定、插入、删除等编辑方法；
- 掌握文本的查找和替换操作；
- 掌握文本的移动和复制操作。

【实验内容和步骤】

1. 创建一个新文档

输入实验 2-1“练习. DOCX” 中规定的内容，若已经创建，直接应用。

2. 文本的选定

选定文本的基本方法是，从待选文本的一端拖曳鼠标到文本的另一端。此时，这段文本呈反色显示，表示已被选定。

- 选定词语。移动鼠标到某一词语上双击。
- 选定一行。移动鼠标至文本区的左端，当鼠标指针变为右上的空箭头时，表示鼠标已在选定区，单击，可以选定鼠标所指的行。
- 选定多行。在选定区拖曳鼠标，可以选定多行。
- 选定自然段。在选定区双击，选定鼠标所指的自然段。
- 选定矩形文本块。按住 Alt 键的同时用鼠标拖出一个矩形。
- 选定全文。选择“编辑”→“全选”命令，或按 Ctrl＋A 组合键，也可以在选定区中单击。

3. 插入文本

在文档“练习.DOCX”的第二自然段中“执行程序的”后面插入“文件的扩展名”。

操作步骤如下：

(1) 将插入点定位在第二自然段中“执行程序的”后面。

(2) 选择中文输入法。

(3) 输入“文件的扩展名”。

4. 删除文本

把文档“练习.DOCX”中的“文件的扩展名。”删除。

操作步骤：

(1) 选定文档中的“文件的扩展名。”。

(2) 按 Delete 键。

5. 移动文本

把文档“练习.DOCX”中的第二自然段移动到第一自然段前面。

方法一：

① 选定文档的第二自然段。

② 用鼠标拖动第二自然段至第一自然段前，松开鼠标。

方法二：

① 选定文档的第二自然段。

② 单击工具栏中的“剪切”按钮。

③ 将插入点定位在第一自然段前，按 Enter 键，将光标放在新的空段后单击工具栏中的“粘贴”按钮。

6. 复制文本

将文档“练习.DOCX”的第一自然段复制一份放到第二自然段后。

方法一：

① 将插入点定位在第二自然段的最后，按 Enter 键。

② 选定第一自然段。

③ 按住 Ctrl 键不放，用鼠标拖曳第一自然段至第二自然段后的空段落处，松开鼠标，再松开 Ctrl 键。

方法二：

① 选定第一自然段(包括回车换行符)。

② 单击“复制”命令。

③ 将插入点定位在第三自然段前。

④ 单击“粘贴”命令。

7. 撤销操作

在文档“练习.DOCX”的最后一段输入“要养成良好的文件备份习惯”，然后撤销上述的输入操作。

操作步骤如下：

(1) 定位插入点到文档的最后，输入“要养成良好的文件备份习惯”。

(2) 单击“快速访问工具栏”中的“撤销输入”按钮。

8. 查找

在文档“练习.DOCX”中查找所有的“文件夹”文本内容。

操作步骤如下:

(1) 单击“开始”选项卡中的“查找”按钮,在文档窗口左侧出现“导航”窗格,如图2-5所示。

(2) 在窗格的搜索框中输入文字“文件夹”,Word将自动在文档中查找与输入文字相匹配的内容,并以黄色标记。

(3) 点击“导航”窗格下部的上下按钮依次定位查找文字。

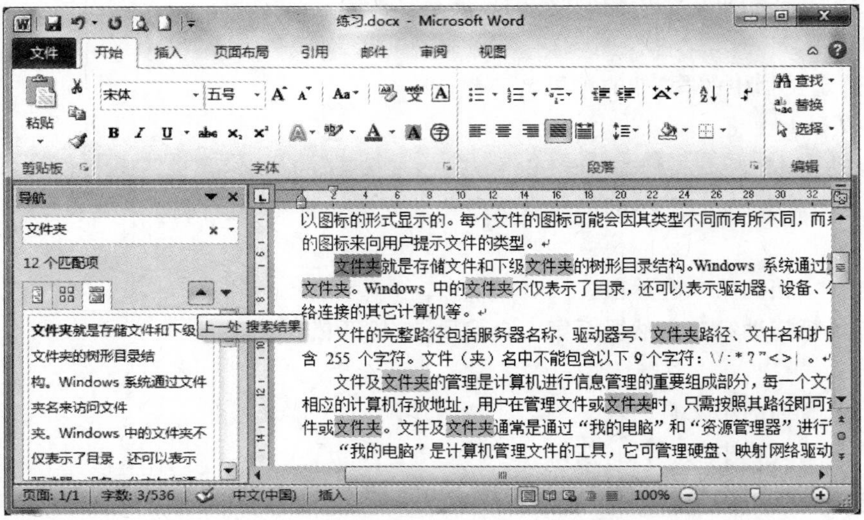

图 2-5 “导航”窗格

9. 替换

将文档“练习.DOCX”中所有的文字“用户”全部改为“计算机操作者”。

操作步骤如下:

(1) 单击“开始”选项卡中的“替换”按钮,弹出如图2-6所示的“查找和替换”对话框。

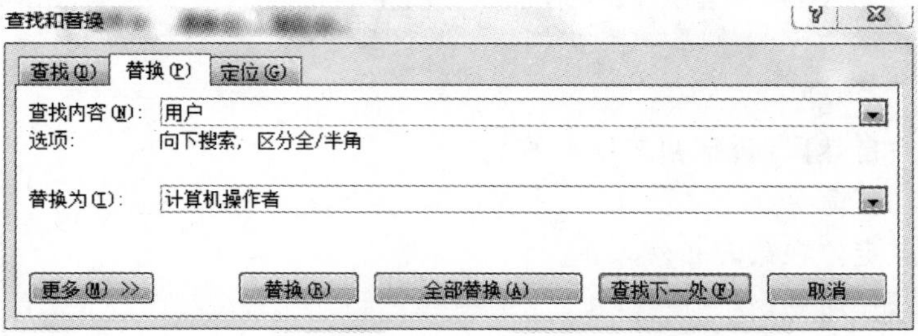

图 2-6 “查找和替换”对话框的“替换”选项卡

(2) 在“查找内容”文本框中输入“用户”。

(3) 在“替换为”文本框中输入“计算机操作者”。

(4) 单击“全部替换”按钮。

10. 批量删除操作

删除文档“练习.DOCX”中所有出现的单词 Windows。

操作步骤如下：

(1) 单击“开始”选项卡中的“替换”按钮，弹出如图 2-7 所示的“查找和替换”对话框。

(2) 在“查找内容”文本框中输入 Windows。

(3) 删除“替换为”文本框中的文字，即使“替换为”文本框中为空文本。

(4) 单击“全部替换”按钮，“练习.DOCX”文档中的所有 Windows 被删除。

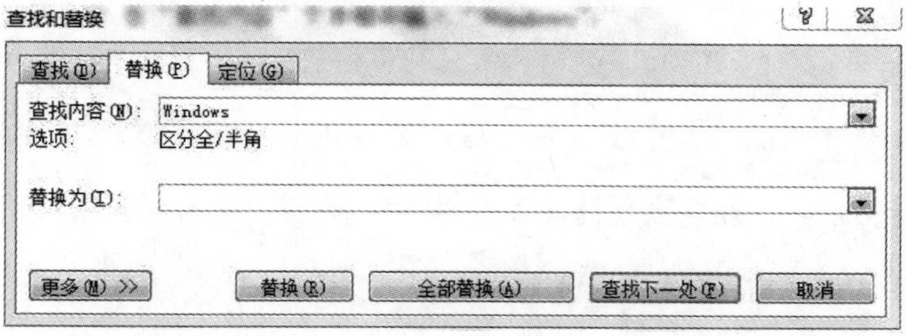

图 2-7　利用“查找和替换”对话框进行批量删除操作

实验 2-3　Word 2010 格式设置

【实验目的和要求】

- 掌握字符格式的设置方法；
- 掌握段落格式的设置方法；
- 掌握页面格式的设置方法；
- 掌握文本分栏的设置方法。

【实验内容和步骤】

1. 字符格式设置

实践操作一：将文档“练习.DOCX”的标题字体设置为宋体、粗体、居中、阳文，字号为二号字，字体颜色为深蓝，加灰色底纹。

操作方法：

① 选定标题“文件管理”，单击“格式”工具栏中的“居中”。

② 单击“开始”选项卡的“字体”功能区右下角的对话框启动器，弹出“字体”对话框，如图 2-8 所示。

③ 在“中文字体”下拉列表框中选择“宋体”。

④ 在字形列表框中选择“加粗”。

⑤ 在“字号”列表框中选择“二号”。

⑥ “字体颜色”下拉列表框中选择“深蓝”。

⑦ 在“效果”复选框中选择“阳文”。

⑧ 执行“段落”功能区中的“底纹”菜单命令，在底纹选项卡中选灰色底纹。

经上述操作后的文档标题如下所示：

文件管理

实践操作二：将文档“练习.DOCX”的标题和第一段文字设置为如下效果。

wénjiànguǎnlǐ
文件管理

Windows 7 操作系统将各种程序和文档以文件的形式进行管理。文件是被命名的、存放在存储介质上的一组相关信息的集合。每个文件都有自己的文件名称，Windows 7 操作系统就是按照文件名来识别、存取和访问文件的。

操作方法：

① 选定标题“文件管理”。

② 单击“开始”选项卡的“字体”功能区中右下角的“对话框启动器”命令，在“字体”对话框中，将字号设为小一号，取消阳文。

③ 在“字符间距”选项卡中，设置加宽间距1磅。

④ 单击“拼音指南”命令，在“拼音指南”对话框中，为标题加注拼音。

⑤ 分别选中第一段中的文字“命”和“名”，单击“字体”功能区中的“带圈字符”按钮，在“带圈字符”对话框中，为“命”和“名”分别加圈，并增大圈号。

⑥ 选中第一段中的文字“都有自己”，执行“段落”功能区中的“中文版式”按钮，选择“合并字符”命令，在“合并字符”对话框中，将字号设为10号，单击“确定”按钮。

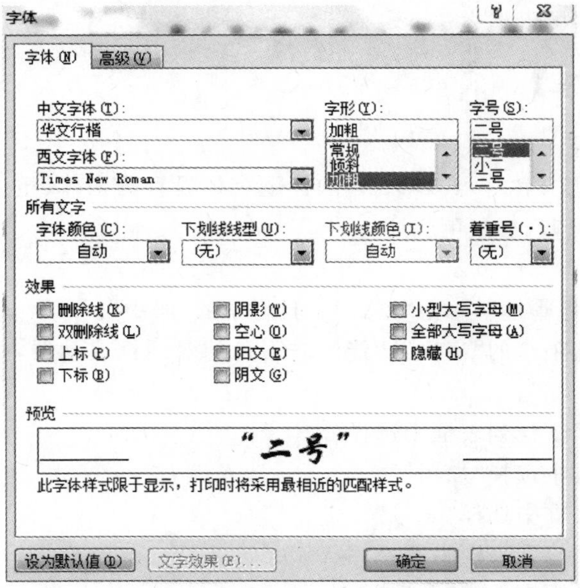

图2-8 “字体”对话框

2. 段落格式设置

利用文档“练习.DOCX”练习段落格式设置。

要求：将正文第二段设置“首字下沉”效果，其中字体为“隶书”、下沉行数为 3；其他部分字体为“宋体”、字号为“五号”、段前段后各为 0.5 行、1.5 倍行距，左右缩进 3 字符，并且加“红色边框”，将文档以“文件管理.DOCX”另存到“我的文档”中。

操作步骤如下。

(1) 选定第二段落。

(2) 选择“插入”选项卡，单击“文本”功能区中的“首字下沉”菜单命令，弹出“首字下沉”对话框，如图 2-9 所示。

(3) 在“位置”项中选择“下沉”。

(4) 在“字体”下拉列表框中选择“隶书”。

(5) 在“下沉行数”微调框中输入 3。

选择“开始”选项卡，单击“段落”功能区右下角的“对话框启动器”命令，弹出“段落”对话框，如图 2-10 所示。

(6) 在间距栏的“段前、段后”微调框中分别设置为 0.5 行，在“行距”下拉列表框中选择“1.5 倍行距”。

(7) 在缩进栏的“左、右”微调框中分别设置为 3 字符。

(8) 单击“确定”按钮。

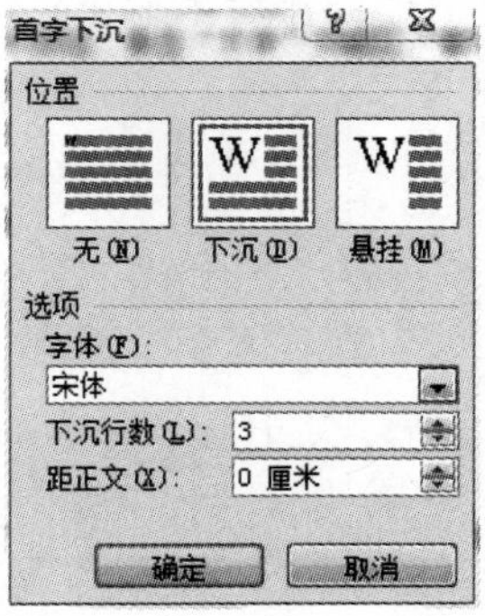

图 2-9 “首字下沉”对话框

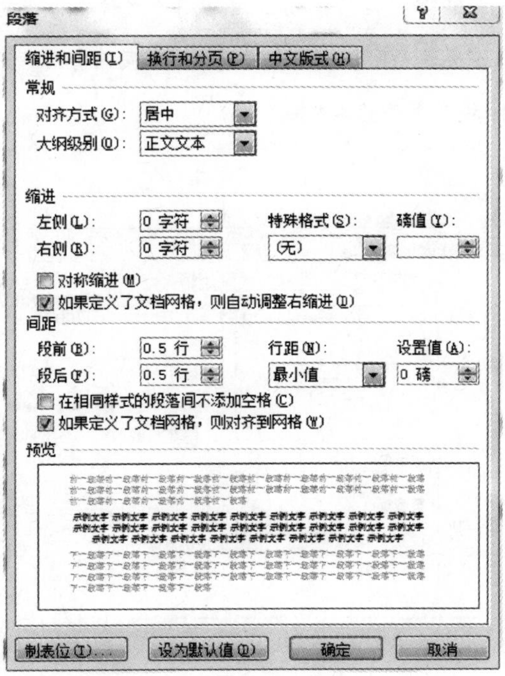

图 2-10 “段落”对话框

(9) 单击“页面布局”选项卡按钮，单击“页面背景”功能区中的“页面边框”按钮，弹出“边框和底纹”对话框，如图 2-11 所示。

(10) 在“边框”选项卡的“设置”中选择“方框”。

(11) 在“线型”列表框中选择“虚线”线型。

(12) 在“颜色”下拉列表框中选择“红色”；在“宽度”下拉列表框中选择“1 磅”。

(13) 在“应用于”下拉列表框中选择“段落”，单击“确定”按钮。

(14) 将文档以“文件管理.DOCX”为名存到“我的文档”中。

上述操作结果如下：

文件名由文件主名和扩展名组成，两者之间用“.”分隔。文件主名一般由用户自己定义，文件的扩展名标识了文件的类型和属性，一般都有比较严格的定义，如命令程序的扩展名为 COM，可执行程序的为 EXE，由 Word 建立的文档文件为 DOC，ASCII 文本文件为 TXT，位图格式的图像文件为 BMP 等。在 Windows 中，每个文件在打开前是以图标的形式显示的。每个文件的图标可能会因其类型不同而有所不同，而系统正是以不同的图标提示文件的类型。

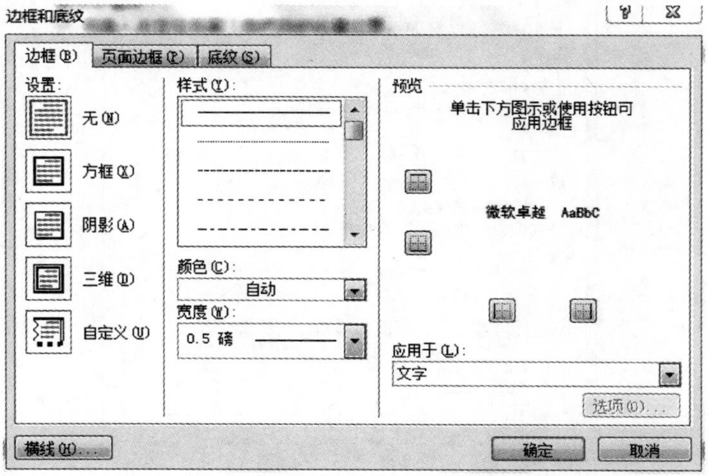

图 2-11 “边框和底纹”对话框

3. 页面格式设置

利用文档“练习.DOCX”进行练习页面格式设置。将该文档的纸型设置为 A4，并且把文档两分栏，栏宽相等，栏间距为 2 字符，并加分割线。

操作步骤如下：

(1) 选择“页面布局”选项卡，单击“页面设置”功能区右下角的“对话框启动器”命令，弹出“页面设置”对话框。

(2) 选择“纸张”选项卡。

(3) 在“纸张大小”下拉列表框中选择 A4。

(4) 在“应用于”下拉列表框中选择“整篇文档”，单击“确定”按钮。

(5) 选定该正文内容，选择“页面设置”→“分栏”下拉菜单中的“更多分栏”命令，弹出“分栏”对话框。

(6) 在“预设”项中选择“两栏”，在“间距”微调框中单击微调按钮，调整至 2 字符。

(7) 选中“分割线”复选框，再选中“栏宽相等”复选框。

(8) 在“应用于”下拉列表框中选择“所选文字”。

(9) 单击“确定”按钮。

上述操作完成以后如下所示：

文件管理

文件名由文件主名和扩展名组成，两者之间用“.”分隔。文件主名一般由用户自己定义，文件的扩展名标识了文件的类型和属性，一般都有比较严格的定义，如命令程序的扩展名为 COM，可执行程序的为 EXE，由 Word 建立的文档文件为 DOC，ASCII 文本文件为 TXT，位图格式的图像文件为 BMP 等。在 Windows 中，每个文件在打开前是以图标的形式显示的。每个文件的图标可能会因其类型不同而有所不同，而系统正是以不同的图标提示文件的类型。

文件夹就是存储文件和下级文件夹的树形目录结构。Windows 系统通过文件夹名来访问文件夹。Windows 中的文件夹不仅表示了目录，还可以表示驱动器、设备、公文包和通过网络连接的其他计算机等。

文件的完整路径包括服务器名称、驱动器号、文件夹路径、文件名和扩展名，最多可包含 255 个字符。文件(夹)名中不能包含以下 9 个字符：\、/、:、*、?、"、<、>、|。

文件及文件夹的管理是计算机进行信息管理的重要组成部分，每一个文件或文件夹都有相应的计算机存放地址，用户在管理文件或文件夹时，只需按照其路径即可查找到相应的文件或文件夹。文件及文件夹通常是通过“我的电脑”和“资源管理器”进行管理。

“我的电脑”是计算机管理文件的工具，可管理硬盘、映射网络驱动器、文件夹等。用户可以通过“我的电脑”来查看和管理几乎所有的计算机信息资源。

4. 制作桌签

制作如图 2-12 所示的桌签。

操作步骤如下：

(1) 新建文档，输入桌签文字“发言席”。

(2) 选中“发言席”文字内容，设置字体为华文行楷，居中。

(3) 单击“字号”下拉列表按钮，由键盘输入字号 180，按 Enter 键。

图 2-12　制作桌签

(4) 选择"页面布局"选项卡，打开"页面设置"对话框，在"版式"选项卡中将页面垂直对齐方式设置为"居中"，将页边距设置为上、下、左、右均为 1 厘米。

(5) 在"字体"对话框中，将"高级"选项卡中的"间距"设置为"紧缩"，并设置"磅值"为"10 磅"。

(6) 单击"确定"按钮。

注意：*桌签也可以用下文中的方法制作。*

5. 格式刷的妙用

在段落的任意位置按 Enter 键，新开始的段落将继续沿用前一段落已设置的格式。

对于不连续的段落或字符，为保证格式的一致或加快格式设置的速度，可以使用"常用"工具栏中的"格式刷"按钮进行字符格式和段落格式的复制。

在文档"练习.DOCX"的最后，输入下列文字并设置所示效果，即将每一行的第 2 个字和第 4 个字设置为"加粗"、"倾斜"、"幼圆"、"四号"、"红色"。

锄***禾***日***当***午，
汗***滴***禾***下***土；
谁***知***盘***中***餐，
粒***粒***皆***辛***苦。

操作步骤如下：

(1) 输入文字。

(2) 选定第一行的第 2 个字。

(3) 将格式设置为"加粗"、"倾斜"、"幼圆"、"四号"、"红色"。

(4) 单击"开始"选项卡中的"格式刷"按钮，此时鼠标指针前带有一把小刷子。

(5) 分别将第一行的第 4 个字、第二、三、四行的第 2 个字和第 4 个字选中一次。

（6）单击“格式刷”按钮。

6. 边框和底纹

将文档“练习.DOCX”的第三自然段加上边框，并填充50%的金色底纹。

操作步骤如下：

（1）将插入点定位在第三自然段的任意位置。

（2）单击“页面布局”选项卡按钮，单击“页面背景”功能区中的“页面边框”按钮，弹出“边框和底纹”对话框，如图2-13所示。

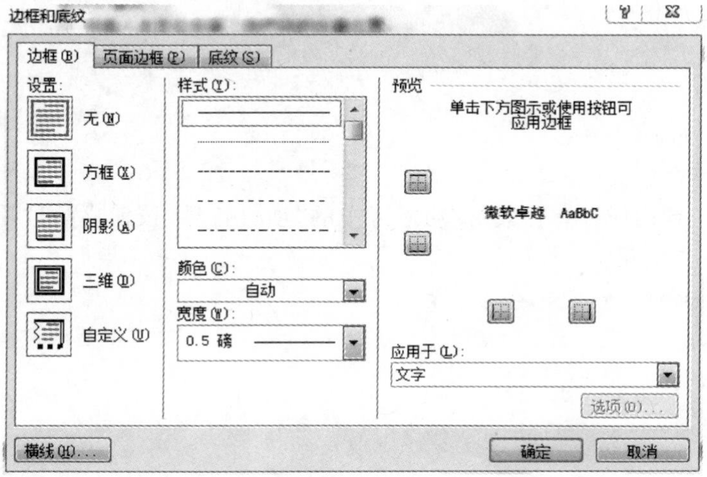

图2-13 “边框和底纹”对话框的“边框”选项卡

（3）在“边框”选项卡的“设置”项中选择“方框”。

（4）在“应用于”下拉列表框中选择“段落”。

（5）选择“底纹”选项卡，如图2-14所示。

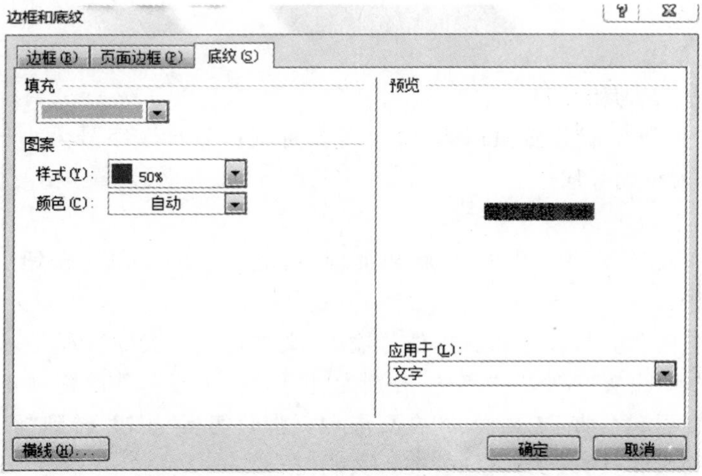

图2-14 “边框和底纹”对话框的“底纹”选项卡

(6) 在“填充”颜料盒中选择“金色”。

(7) 在“图案-样式”下拉菜单中选择50%。

(8) 在“应用于”下拉列表框中选择“段落”。

(9) 单击“确定”按钮。

7. 项目符号和编号

在文档“练习.DOCX”的最后输入下列文字,并分别添加项目符号和编号。

Word 2010 文档的格式化分为三类:

字符格式化

段落格式化

页面格式化

操作步骤一如下:

① 输入文字内容。

② 选中后三行内容,单击“段落”功能区中的“项目符号”按钮,弹出“项目符号库”对话框,添加项目符号,效果为:

Word 2010 文档的格式化分为三类:

- 字符格式化
- 段落格式化
- 页面格式化

操作步骤二如下:

① 输入文字内容。

② 选中后三行内容,单击“段落”功能区中的“编号”按钮,弹出“编号库”对话框,添加编号,效果为:

Word 2010 文档的格式化分为三类:

01. 字符格式化

02. 段落格式化

03. 页面格式化

8. 添加页眉、页脚和页码

给文档“练习.DOCX”设置页眉为“文件及文件夹的管理”,字号为小五号、字体为楷体并居中;页脚插入页码并居中。

操作步骤如下:

(1) 选择“插入”选项卡,单击“页眉和页脚”功能区中的“页眉”按钮,弹出“页眉”工具栏,如图2-15所示。

(2) 选择“空白”选项,在页眉文本位置输入“文件及文件夹的管理”。

(3) 选定文本,设置“字体”、“字号”分别为“楷体”、“小五”,并设置对齐方式为“居中”。

(4) 单击“页眉和页脚”工具栏的“在页眉和页脚间切换”按钮,转到“页脚”。

(5) 单击“页眉和页脚”工具栏的“插入页码”按钮。

(6) 单击“常用”工具栏上的“居中”按钮。

(7) 在正文区单击。

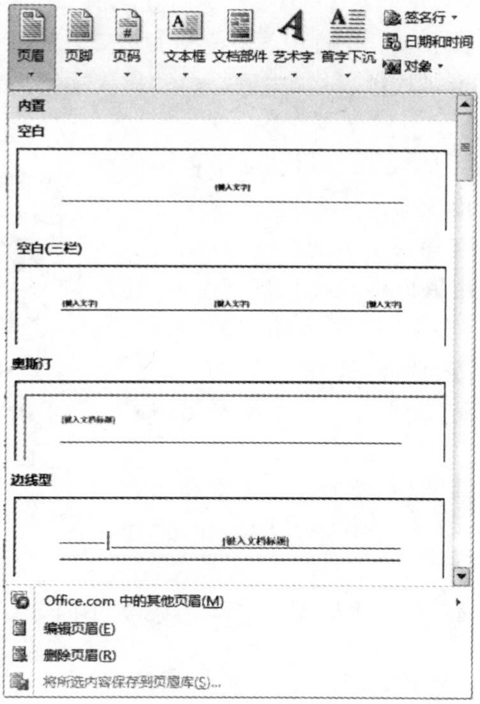

图 2-15 “页眉”工具栏

实验 2-4　Word 2010 表格处理

【实验目的和要求】

- 掌握表格的建立和编辑；
- 掌握表格和文字内容的混合编辑方法；
- 掌握表格拆分、合并方法；
- 熟练表格的自动套用格式。

【实验内容和步骤】

1. 建立表格

在文档“练习.DOCX”的最后创建表格，并输入文本，如表 2-1 所示。

表 2-1　含有文本内容的表格

产品	春季	夏季	秋季	冬季	平均销售额
电视机	23	29	35	28	
空调	35	75	37	40	
电冰箱	26	46	34	21	
总销售额					

操作步骤如下:

(1) 打开文档“练习. DOCX”,将插入点定位到文档最后。

(2) 选择“插入”选项卡,单击“表格”按钮,选择“插入表格”菜单命令,弹出“插入表格”对话框,如图 2-16 所示。

(3) 在“列数”文本框中输入 6,“行数”文本框中输入 5,单击“确定”按钮,则出现 5 行 6 列的空白表格。

(4) 将插入点定位在要输入文本的单元格,输入文本内容,然后按 Tab 键或用鼠标将光标移到下一格,还可以用箭头键,按表 2-1 的要求在各单元格中输入。

(5) 选中各单元格内容,选择“表格工具”的“布局”选项卡,单击“水平居中”按钮,使表中文字水平居中且垂直方向居中。

(6) 移动鼠标光标到表格内,此时表格左上角出现一个十字方框,单击该十字方框选定整个表格,单击“居中”按钮,使整个表格居中。

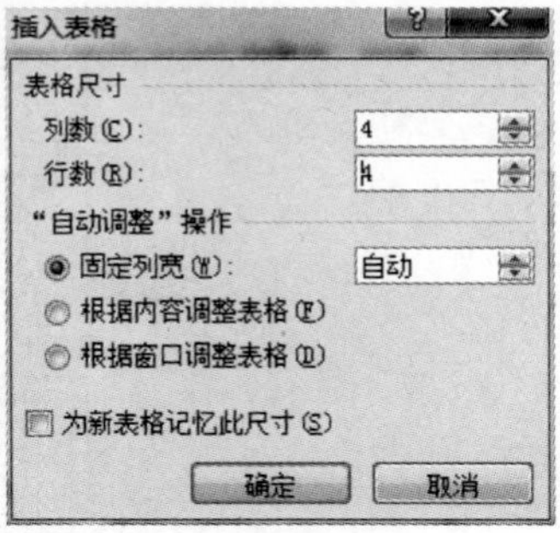

图 2-16 “插入表格”对话框

(7) 拖曳鼠标选定文本,把字体设置为宋体、字号为小四,颜色为黑色。

2. 编辑表格

(1) 表格的选定。

根据 Word 的“先选定后操作”原则,编辑表格之前,也要选定表格或表格的一部分。

① 选定单元格。

移动鼠标到单元格的左上角,鼠标指针变为右上黑箭头时,单击可选定一个单元格,拖曳鼠标可选定多个单元格。

② 选定行。

移动鼠标到文本选择区,单击鼠标可选定一行,拖曳鼠标可选定连续多行。

③ 选定列。

移动鼠标到表格上方,鼠标指针变为向下的粗体箭头时,单击可选定一列,拖曳鼠标可选定多列。

④ 选定整个表格。

移动鼠标到表格内,此时表格左上角出现一个十字方框,如图 2-17 所示,单击该十字方框可以选定整个表格。

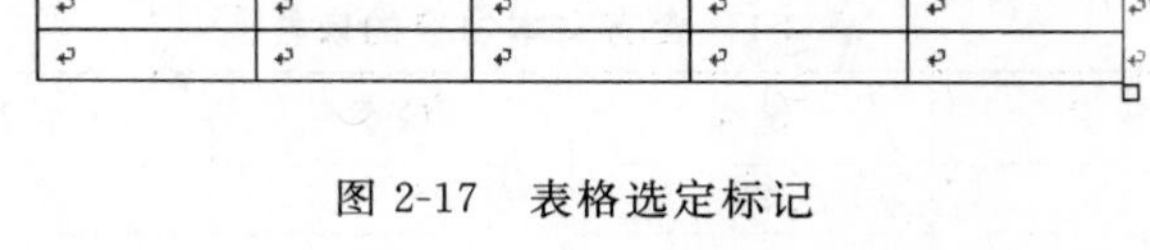

图 2-17 表格选定标记

(2) 调整表格的行高。

将文档“练习. DOCX”中所建立的表格的行高全部设置为 1 厘米。

操作步骤如下：

① 将光标置于表格某一单元格内，选择“表格”选项卡→“布局”标签→单击“属性”命令按钮，在弹出的“表格属性”对话框中选择“行(R)”选项卡，如图 2-18 所示。

② 调整“指定高度”微调框按钮，将高度设置为“1 厘米”。

③ 单击“确定”按钮。

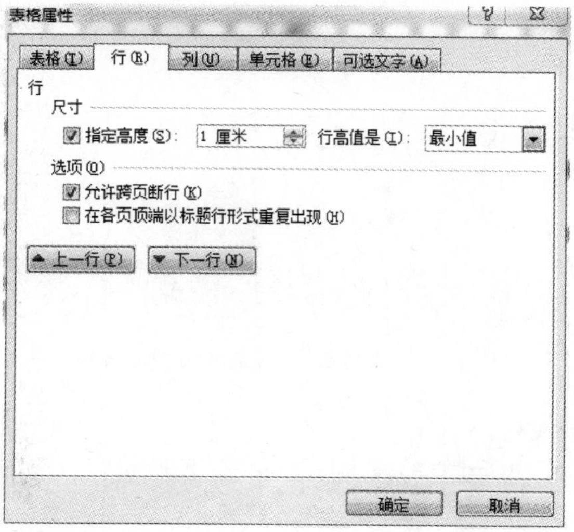

图 2-18　“表格属性”对话框的“行”选项卡

将文档“练习. DOCX”中所建立的表格的行增高。

操作步骤如下：

① 移动鼠标到表格的横行线上，鼠标指针变为水平分隔箭头÷，这时，拖曳鼠标会出现一条水平虚线，它指示当前横行线的位置。

② 拖曳虚线上移或下移到新位置。

(3) 调整表格的列宽。

将文档“练习. DOCX”中所建立的表格的列宽全部设置为 2.5 厘米。

操作步骤如下：

① 将光标置于表格某一单元格内，选择“表格”选项卡→“布局”标签→单击“属性”命令按钮，在弹出的“表格属性”对话框中选择“列(U)”选项卡，如图 2-19 所示。

② 选择“列(U)”选项卡，在“列宽单位”列表框中选择度量单位“厘米”，在“指定宽度”微调框中输入“1.28 厘米”。

③ 单击“确定”按钮。

将文档“练习. DOCX”中所建立的表格的列加宽。

操作步骤如下：

① 移动鼠标到表格的竖框线上，鼠标指针变为垂直分隔箭头◂||▸，这时，拖曳鼠标会出现一条垂直虚线，它指示当前列边线的位置。

② 拖曳虚线左移或右移到新位置。

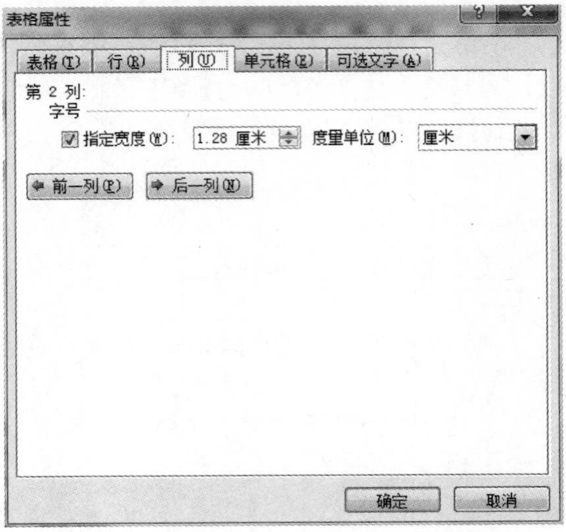

图 2-19 “表格属性”对话框的“列”选项卡

(4) 插入表格的行或列。

在文档“练习.DOCX”中所建立的表格的最底一行下面插入一行，在最后列右面插入一列。

操作步骤如下：

① 将插入点定位在最底行，执行“表格”→“插入”→“行(在下方)”命令。

② 将插入点定位在最后列，执行“表格”→“插入”→“列(在右侧)”命令。

(5) 删除表格的行或列。

将文档“练习.DOCX”中所建立的表格的最后一行和最后一列删除。

操作步骤如下：

① 将插入点定位在最后一行或选定最后一行，选择“表格”选项卡→“布局”标签→单击“删除”命令按钮的下拉箭头，选择“删除行”。

② 将插入点定位在最后一列，单击“删除”命令按钮的下拉箭头，选择“删除列”命令。

(6) 合并单元格。

将文档“练习.DOCX”中所建立的表格第 5 行的“总销售额”后的所有单元格合并为一个单元格。

操作步骤如下：

① 选定所要合并的单元格。

② 选择“表格工具”的“布局”选项卡→单击“合并单元格”命令按钮，合并结果如图 2-20 所示。

产品	春季	夏季	秋季	冬季	平均销售额
电视机	23	29	35	28	
空调	35	75	37	40	
电冰箱	26	46	34	21	
总销售额					

图 2-20 合并单元格

(7) 拆分单元格。

将文档“练习.DOCX”中所建立的表格第 5 行的“总销售额”后的单元格拆分为 1 行 5 列单元格。

操作步骤如下：

① 将插入点定位在要拆分的单元格。

② 选择“表格工具”的“布局”选项卡→单击“拆分单元格”命令按钮，弹出“拆分单元格”对话框，如图 2-21 所示。

③ 在“列数”文本框输入要拆分的列数 5，在“行数”文本框输入要拆分的行数 1。

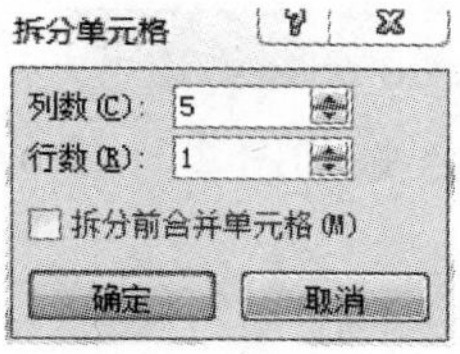

图 2-21 “拆分单元格”对话框

④ 单击“确定”按钮。拆分结果如图 2-22 所示。

产品	春季	夏季	秋季	冬季	平均销售额
电视机	23	29	35	28	
空调	35	75	37	40	
电冰箱	26	46	34	21	
总销售额					

图 2-22 拆分结果

(8) 表格对齐方式。

对齐方式可对选定的单元格进行设定，方法与 Word 正文内容设置一样；也可对整个表格进行设定，先选定整个表格，然后进行下面的操作。

① 单击“开始”选项卡“段落”功能区中的“左对齐”按钮，使整个表格左对齐。

② 单击“开始”选项卡“段落”功能区中的“居中”按钮，使整个表格居中。

③ 单击“开始”选项卡“段落”功能区中的“右对齐”按钮，使整个表格右对齐。

(9) 表格的移动和缩放。

将文档“练习.DOCX”中所建的表格整体放大或缩小。

操作步骤如下：

① 移动鼠标到表格内，表格右下角出现“方框”状缩放标志。

② 移动鼠标到“缩放”标志上，此时鼠标指针变为斜对的双向箭头。

③ 拖曳鼠标即可成比例地放大或缩小整个表格。

(10) 绘制斜线表头。

将文档“练习.DOCX”中所建表格“产品”单元格按表头样式进行设置，达到如图 2-23 所示效果。

季节 产品	春季	夏季	秋季	冬季	平均销售额
电视机	23	29	35	28	
空调	35	75	37	40	
电冰箱	26	46	34	21	
总销售额					

图 2-23 插入斜线表头后的表格

操作步骤如下：

(1) 选定表格“产品”单元格，将光标置于“产”字前面，按 Enter 键。

(2) 适当加大行高和列宽。

(3) 在“表格工具”的“设计”选项卡的“表格样式”组中，单击“边框”按钮旁边的下拉按钮，从打开的列表中选中“斜下框线”命令。

(4) 按如图 2-23 中的效果输入文字“季节”，并设置为右对齐，稍微向左调整本行的右缩进。

(5) 将文字“产品”一行设置为左对齐，稍微向右调整本行的首行缩进。

3. 表格的计算

表格的单元格是用字母表示的列和数字表示的行来标识的。例如，文本内容为“产品”的单元格可标识为 A1，“电视机”的标识为 A2，“春季”的标识为 B1，“电视机在春季的销售额 23”标识为 B2 等，如表 2-2 所示。

表 2-2　单元格的标识

	A	B	C	D	E	F
1	产品	春季	夏季	秋季	冬季	平均销售额
2	电视机	23	29	35	28	
3	空调	35	75	37	40	
4	电冰箱	26	46	34	21	
5	总销售额					

计算表 2-2 中总销售额和平均销售额。

操作步骤如下：

(1) 将插入点定位在 B5 单元格。

(2) 在“表格工具”的“布局”选项卡的“数据”组中，单击“公式”按钮，弹出“公式”对话框，如图 2-24 所示。

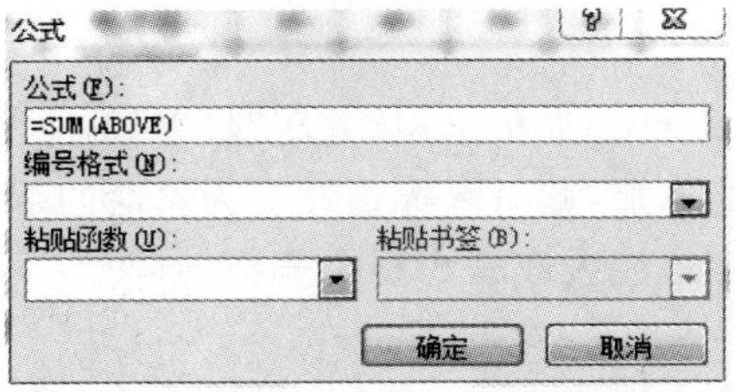

图 2-24　“公式”对话框

(3) 在“公式”文本框中输入求和公式“＝SUM(ABOVE)”，单击“确定”按钮，用相同的方法计算出 C5、D5、E5 的值。

(4) 将插入点定位在 F2 单元格。

(5) 重复步骤(2)，删除“公式”文本框中的“SUM(ABOVE)”。

(6) 选择“粘贴函数”列表中的求平均公式“AVERAGE()”。

(7) 在“公式”文本框中输入“＝AVERAGE(LEFT)”或“＝AVERAGE(B2：E2)”，单

击“确定”按钮,用相同的方法计算出 F3、F4、F5 的值。完成操作后如表 2-3 所示。

表 2-3　求和和求平均值后的表格

	A	B	C	D	E	F
1	产品	春季	夏季	秋季	冬季	平均销售额
2	电视机	23	29	35	28	28.75
3	空调	35	75	37	40	46.75
4	电冰箱	26	46	34	21	31.75
5	总销售额	84	150	106	89	107.25

实验 2-5　不规则表格的设计

【实验目的和要求】

掌握不规则表格的建立与设计方法。

【实验内容和步骤】

利用 Word 2010 制作个人履历表。

1. 初始化页面

(1) 新建一个 Word 文档,先以名“个人履历表”将其保存。

(2) 选择“页面设置”选项卡,单击“页面设置”功能区右下角的“对话框启动器”命令,打开“页面设置”对话框。

(3) 单击“页边距”标签,打开“页边距”选项卡,在“页边距”选项区域中将上、下、右边距设为 2.4 厘米,左边距设为边 3 厘米。单击“确定”按钮完成页面设置。

2. 为表格添加标题

(1) 输入标题内容“个人履历表”。

(2) 在标题下一行 29 字符处双击鼠标,输入内容“填表日期：”。

(3) 选中标题,设置标题的字体为宋体、小二、加粗、加下划线,且居中对齐。

(4) 选择“开始”选项卡,单击“段落”功能区中的“中文版式”按钮,选择“调整宽度”命令,打开“调整宽度”对话框。在“调整宽度”对话框中设置新文字宽度为 8 字符,如图 2-25 所示。

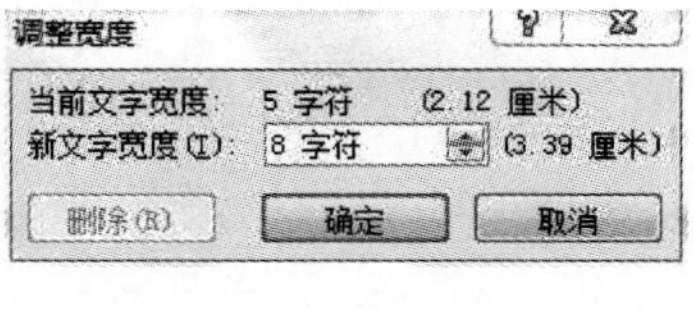

图 2-25　“调整宽度”对话框

3. 插入表格

(1) 选择“插入”选项卡,单击“表格”按钮中的“插入表格”命令,打开“插入表格”对话框,在“列数”和“行数”文本框中分别输入 6 列和 12 行,如图 2-26 所示,然后单击“确定”按钮。

(2) 按照所给样式,将相应单元格合并。

4. 修改表格结构

(1) 将指针停留在两列间的边框上,指针变为 ←||→,向左拖曳边框到合适的宽度。可以

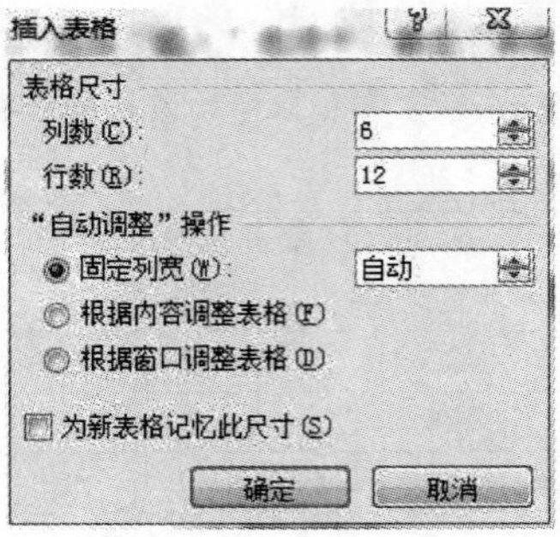

图 2-26 “插入表格”对话框

事先在第一列中输入相应文本，拖曳边框时以能容纳完此文本的宽度为准。

(2) 使用拆分、合并单元格来修改表格结构。将样表中填有1.～6.的单元格区域只添加外边框，将里面横框线去掉。

5. 输入表格内容

在适当的位置输入表格中的内容，如姓名、民族等信息。

6. 对表格进行再调整、修饰

最后制作效果如图2-27所示。

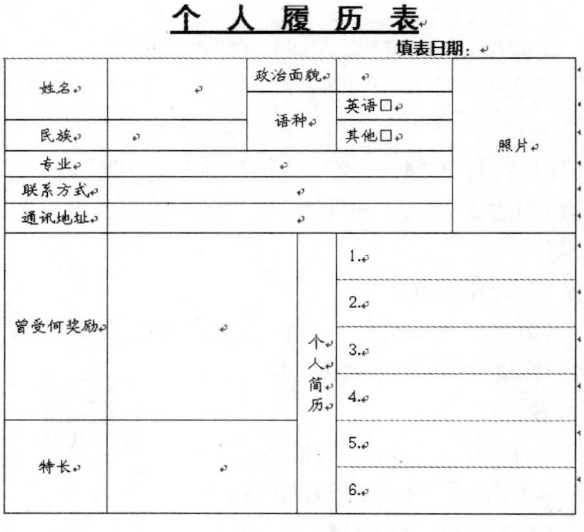

个人履历表

填表日期：

<table>
<tr><td rowspan="2">姓名</td><td rowspan="2"></td><td>政治面貌</td><td></td><td rowspan="6">照片</td></tr>
<tr><td rowspan="2">语种</td><td>英语□</td></tr>
<tr><td>民族</td><td></td><td>其他□</td></tr>
<tr><td>专业</td><td colspan="3"></td></tr>
<tr><td>联系方式</td><td colspan="3"></td></tr>
<tr><td>通讯地址</td><td colspan="3"></td></tr>
<tr><td rowspan="4">曾受何奖励</td><td rowspan="4"></td><td rowspan="6">个人简历</td><td colspan="2">1.</td></tr>
<tr><td colspan="2">2.</td></tr>
<tr><td colspan="2">3.</td></tr>
<tr><td colspan="2">4.</td></tr>
<tr><td rowspan="2">特长</td><td rowspan="2"></td><td colspan="2">5.</td></tr>
<tr><td colspan="2">6.</td></tr>
</table>

图 2-27 个人履历表样式

实验 2-6 Word 2010 基本图形的插入与编辑

【实验目的和要求】

- 掌握图片的插入和编辑方法；
- 掌握自选图形的插入和编辑方法；

• 掌握艺术字的插入和编辑方法。

【实验内容和步骤】

1. 插入图形文件

利用文档“练习.DOCX”练习插入图片，制作如图 2-28 所示的效果文档。

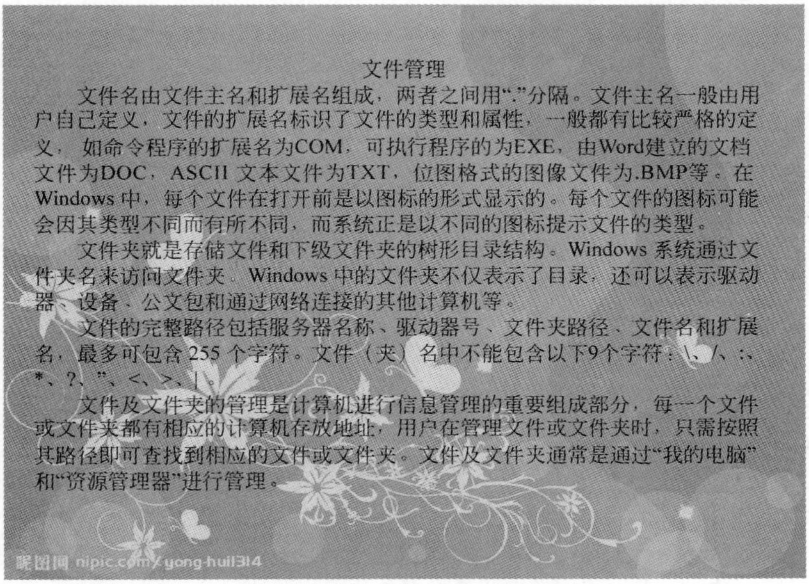
文件管理

文件名由文件主名和扩展名组成，两者之间用“.”分隔。文件主名一般由用户自己定义，文件的扩展名标识了文件的类型和属性，一般都有比较严格的定义，如命令程序的扩展名为COM，可执行程序的为EXE，由Word建立的文档文件为DOC，ASCII 文本文件为TXT，位图格式的图像文件为.BMP等。在Windows 中，每个文件在打开前是以图标的形式显示的。每个文件的图标可能会因其类型不同而有所不同，而系统正是以不同的图标提示文件的类型。

文件夹就是存储文件和下级文件夹的树形目录结构。Windows 系统通过文件夹名来访问文件夹。Windows 中的文件夹不仅表示了目录，还可以表示驱动器、设备、公文包和通过网络连接的其他计算机等。

文件的完整路径包括服务器名称、驱动器号、文件夹路径、文件名和扩展名，最多可包含 255 个字符。文件（夹）名中不能包含以下9个字符：\、/、:、*、?、”、<、>、|。

文件及文件夹的管理是计算机进行信息管理的重要组成部分，每一个文件或文件夹都有相应的计算机存放地址，用户在管理文件或文件夹时，只需按照其路径即可查找到相应的文件或文件夹。文件及文件夹通常是通过“我的电脑”和“资源管理器”进行管理。

图 2-28　文档背景效果示例

将合适的图形文件插入到“练习.DOCX”文档，作为该文档的背景。这里的图片是任意选的，大家可以根据自已的爱好选择适合文字背景的图片。

操作步骤如下：

① 将“练习.DOCX”文档的内容选定。

② 选择“插入”选项卡，单击“插图”功能区中的“图片”按钮，弹出“插入图片”对话框。

③ 选择图形所在的路径或文件夹。

④ 选定图形文件。

⑤ 单击“插入”按钮。

⑥ 单击选定的图片，在出现的“图片工具”上单击“图片”选项卡，单击“下移一层”按钮下的下拉箭头，选择“衬于文字下方”。

在文档“练习.DOCX”的第二段插入一张图片（可以任选一张图片），排成如图 2-29 所示的效果。

操作步骤如下：

① 将插入点定位在文档适当位置。

② 按图示位置插入一张图片。

③ 选中图片，右击，在快捷菜单中选择“设置图片格式”命令，出现如图 2-30 所示的“设置图片格式”对话框。

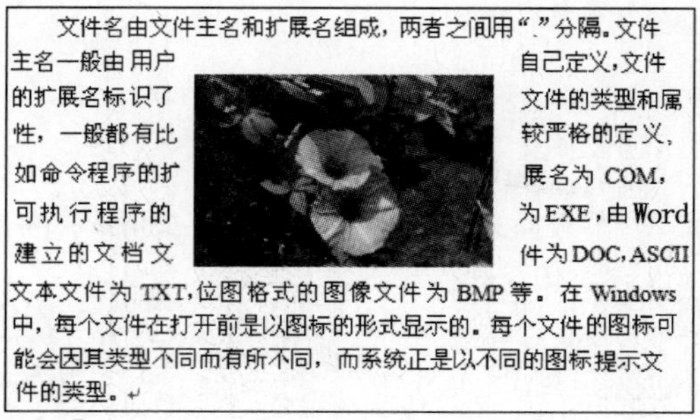

文件名由文件主名和扩展名组成，两者之间用“.”分隔。文件主名一般由用户自己定义，文件的扩展名标识了文件的类型和属性，一般都有比较严格的定义，如命令程序的扩展名为 COM，可执行程序的为EXE，由Word建立的文档文件为DOC，ASCII文本文件为 TXT，位图格式的图像文件为 BMP 等。在 Windows 中，每个文件在打开前是以图标的形式显示的。每个文件的图标可能会因其类型不同而有所不同，而系统正是以不同的图标提示文件的类型。

图 2-29　图文混排

④ 选择其中的“版式”选项卡，将图片的环绕方式设为“四周型”即可。

图 2-30　“设置图片格式”对话框

2. 插入艺术字

在文档“练习.DOCX”的第一自然段后插入艺术字“我的美丽人生”，并设置字体为幼圆，字号为 40 且加粗。

操作步骤如下：

(1) 将插入点定位在第一自然段尾。

(2) 选择“插入”选项卡，单击“文本”组中的“艺术字”按钮，弹出“艺术字式样”选择区，如图 2-31 所示。

(3) 选择艺术字式样，如选择第 3 行第 1 个，弹出“编辑艺术字文字”对话框，如图 2-32 所示。

(4) 删除原有提示文字，输入文字“我的美丽人生”。

(5) 单击“字体”下拉列表箭头选择“幼圆”。

(6) 单击“字号”下拉列表箭头选择 40。

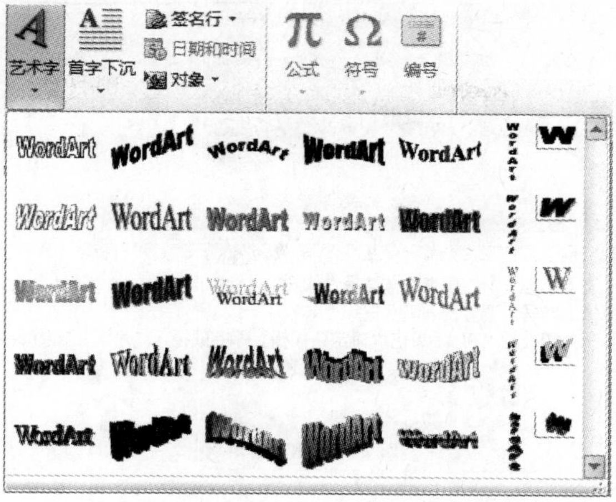

图 2-31 “艺术字式样”选择区

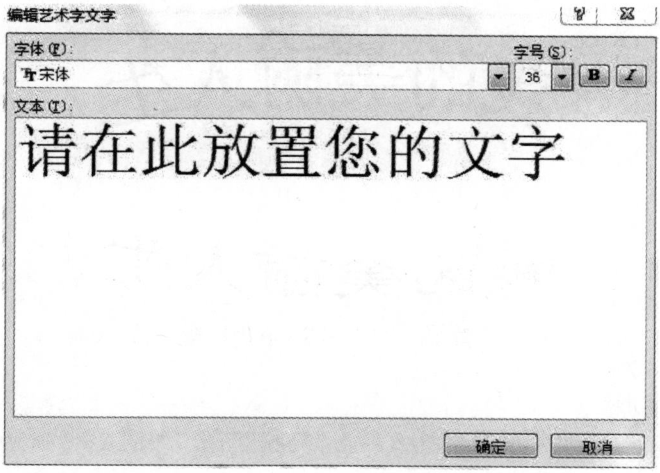

图 2-32 “编辑艺术字文字”对话框

(7) 单击加粗按钮 B 后单击“确定”按钮,即完成插入艺术字,如图 2-33 所示。

图 2-33 “艺术字体”示例

(8) 选中刚插入的艺术字对象,单击“艺术字工具”的“格式”按钮,切换到“艺术字”工具栏,如图 2-34 所示。

(9) 单击“艺术字样式”组中的“艺术字样式其他效果”按钮,在弹出的级联菜单中选择“艺术字样式 3”,改变“艺术字”形状,如图 2-35 所示。

(10) 单击“艺术字样式”组中的“更改形状”按钮,在弹出的级联菜单中选择“左牛角型”,改变“艺术字”形状,如图 2-36 所示。

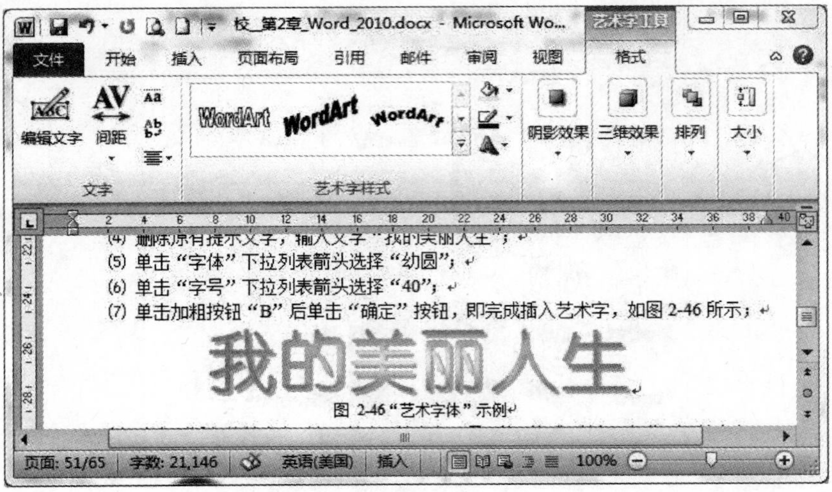

图 2-34 “艺术字”工具栏

图 2-35 “艺术字”文字效果

图 2-36 “艺术字”形状效果

3. 插入自选图形

练习在文档练习.DOCX 的末尾插入一个“笑脸”图形，如图 2-37 所示。

图 2-37 “笑脸”图形

操作步骤如下：

(1) 将插入点定位在文档末尾。

(2) 选择“插入”选项卡，单击“插图”功能区中的“形状”按钮，在“基本形状”列表中选择“笑脸”。

(3) 此时在插入点位置会出现“黑十字”形状，单击并拖曳，即可画一个“笑脸”。

(4) 将文档以文件名“图形处理.DOCX”保存到“我的文档”中。

实验 2-7　Word 2010 图形处理

【实验目的和要求】

- 掌握基本图形的绘制方法；
- 掌握图形的组合和拆分；
- 掌握文本框的使用方法；
- 掌握混合图形的编制处理。

【实验内容和步骤】

1. 图形的编辑

（1）图形的选定。

一个图形被选定后，由一个方框包围。方框的四条边和四个角上各有一个黑色小方块，称为控点。

操作方法如下：

单击图形即可选定。

（2）图形的放大与缩小。

将文档“练习.DOCX”中插入的剪贴画“笑脸”放大一倍并压缩高度。

操作步骤如下：

① 选定自选图形“笑脸”图形。

② 移动鼠标至自选图形“笑脸”任意一角的控点，此时鼠标指针变为双向箭头。

③ 拖曳鼠标使自选图形“笑脸”放大后松开鼠标。

④ 移动鼠标至自选图形“笑脸”上边或下边的控点，此时鼠标指针变为双向箭头。

⑤ 拖曳鼠标使自选图形“笑脸”压缩后松开鼠标。

（3）图形的移动。

将文档“练习.DOCX”中插入的自选图形“笑脸”移动到文档第一段后。

操作步骤如下：

① 选定自选图形“笑脸”。

② 单击“剪切”按钮。

③ 将鼠标定位在文档第一段后。

④ 单击“粘贴”按钮。

（4）图形的复制。

将文档“练习.DOCX”中插入的“笑脸”图形复制一份放在末尾。

操作步骤如下：

① 选定“笑脸”图形。

② 单击“复制”按钮。

③ 将鼠标定位末尾。

④ 单击“粘贴”按钮。

(5) 图形的剪裁。

将文档"练习.DOCX"中插入的自选图形"笑脸"的右半部分裁掉。

操作步骤如下:

① 选定自选图形"笑脸"。

② 选择"图片工具"的"格式"选项卡,单击"大小"功能区中的"裁剪"工具按钮 。

③ 拖曳自选图形右边的控点向左移动至中部,松开鼠标。

(6) 图形的删除。

将文档"练习.DOCX"中插入的图形删除。

操作步骤如下:

① 选定图形。

② 按 Delete 键。

(7) 图形的旋转和翻转。

将文档"练习.DOCX"中插入的"笑脸"图形向左自由旋转 90°。

操作步骤如下:

① 选定图形"笑脸"。

② 选择"图片工具"的"格式"选项卡,单击"排列"功能区中的"旋转"按钮。

③ 选择"向左旋转 90°"菜单命令。

(8) 图形的三维效果。

给文档"练习.DOCX"中"我的美丽人生"图形设置三维效果。

操作步骤如下:

① 选定图形"我的美丽人生"。

② 选择"艺术字工具"里的"三维效果"按钮,弹出"三维效果样式"列表。

③ 选择"三维样式 15",结果如图 2-38 所示。

图 2-38　图形三维效果

2. 文本框的应用

利用文本框可以实现对象的随意定位、移动或缩放。这里所指的对象可以是文字、图片、表格等。

实践操作一:在文档"练习.DOCX"中插入横排文本框,输入内容"文本框练习",如图 2-39 所示。

文本框练习

图 2-39　文本框

操作步骤如下:

① 选定一个插入位置。

② 选择"插入"选项卡,单击"文本"组中的"文本框"按钮,选择"简单文本框"选项。

③ 输入“文本框练习”,结果如图 2-39 所示。

实践操作二：编辑如图 2-40 所示的试卷样式。

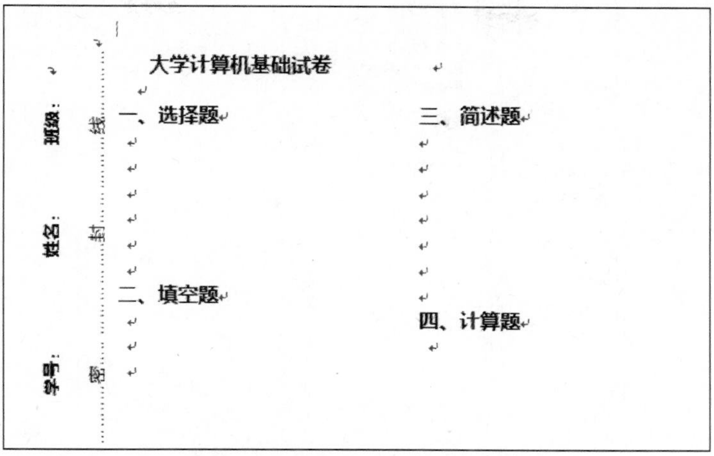

图 2-40　试卷样式

操作步骤如下：

① 设置页面为横向,插入几个文本框,分别输入“学号：姓名：班级：”、“密封线”等内容。

② 选中一个文本框,执行“绘图工具”的“格式”选项卡→“文本”组中的“文字方向”→“文字方向选项”菜单命令,弹出“文字方向-文本框”对话框,如图 2-41 所示,将文本框中的文字设置为所需方向；拖曳文本框到如图所在位置,调整大小,在文字中加入空格或圆点,达到效果；在文本框框线上右击,在弹出的快捷菜单中选择相应的选项,弹出“设置形状格式”对话框,如图 2-42 所示。

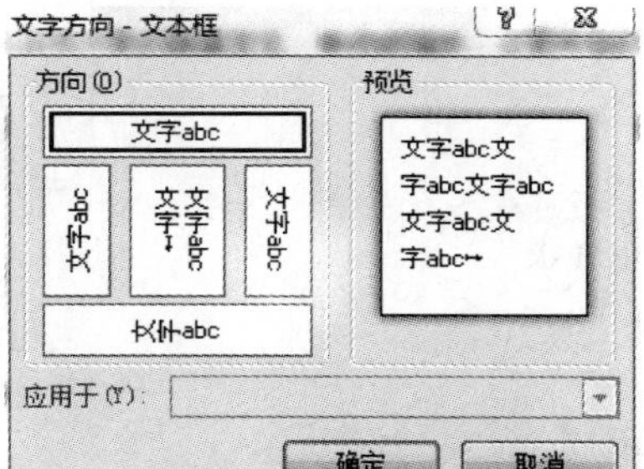

图 2-41　“文字方向-文本框”对话框

③ 在“填充”选项卡中选“无填充”,在“线条颜色”选项卡中选“无线条”,单击确定按钮。

④ 重复步骤(2)和(3),设置好另外几个文本框。

⑤ 在页面中输入标题及试卷内容,按格式分成两栏。

3. 混合应用

实践操作一：在文档“练习.DOCX”的末尾插入“笑脸”,通过拖曳鼠标调整控制点变成

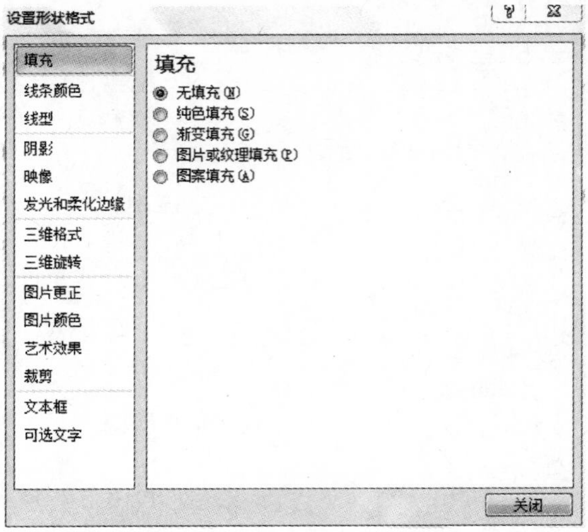

图 2-42 "设置形状格式"对话框

"生气"的形状。

操作步骤如下：

① 将插入点定位在文档末尾。

② 选择"笑脸"图形。

③ 拖曳黄色的调整控制点，使"笑脸"变成"生气"的形状，如图 2-43 所示。

实践操作二：在文档"练习.DOCX"的末尾绘制如图 2-44 所示的房屋平面示意图。

图 2-43 "笑脸"图形的生气状

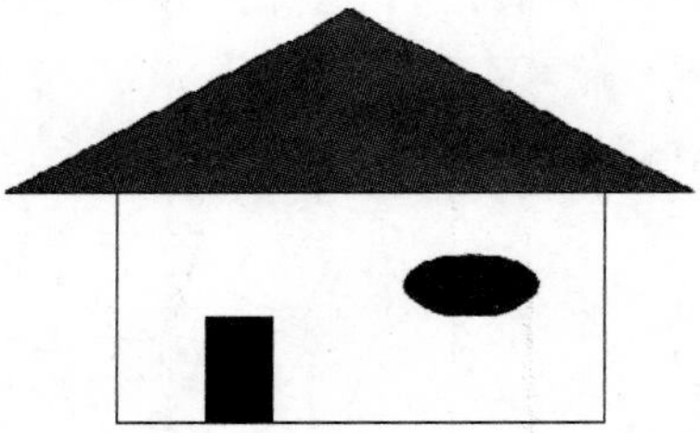

图 2-44 房屋平面示意图

操作步骤如下：

① 将插入点定位在文档末尾。

② 按图示位置分别插入两个矩形，一个三角形和一个椭圆。

③ 分别选中小矩形、三角形和椭圆，为其填充颜色。

④ 调整矩形、三角形和椭圆的位置，达到效果，可以拖曳，也可以按住 Ctrl 键用上下左右箭头键微调图形位置。

⑤ 按住 Shift 键，依次选中插入的两个矩形、一个三角形和一个椭圆，选择"绘图工具"的"格式"选项卡→单击"排列"组中的"组合"菜单命令，将图形组合为一个整体即可。当对图形不满意时，可以执行"取消组合"菜单命令，解除现有组合，再编辑图形。

第3章 Excel 2010

实验 3-1 Excel 2010 的基本操作

【实验目的和要求】

- 掌握 Excel 的启动与退出；
- 熟悉 Excel 的操作环境；
- 掌握工作表的基本操作；
- 掌握单元格的基本编辑。

【实验内容和步骤】

1. Excel 的启动与退出

(1) Excel 的启动。

方法一：执行“开始”→“程序”→Microsoft Office→Microsoft Office Excel 2010 命令，启动后如图 3-1 所示。

方法二：双击桌面上的 Microsoft Excel 快捷图标。

(2) Excel 的退出。

方法一：单击标题栏最右端的“关闭”按钮。

方法二：双击标题栏最左端的控制菜单图标。

方法三：执行“文件”菜单中的“退出”命令。

2. Excel 的窗口组成

Excel 的窗口主要构成见图 3-1。

(1) 活动单元格。

活动单元格用于标识当前操作的位置，它的右下角带有一个小方块，称为填充柄。

(2) 名称框。

名称框用于显示当前区域的名称，一般状态下，显示活动单元格的地址。

(3) 编辑栏。

在编辑栏可以对活动单元格中的数据进行编辑，用于输入、编辑数据和公式。

(4) 工作表标签。

工作表标签用于显示工作表的名称。

(5) 工作区。

在 Excel 窗口界面中心是工作的主要区域，称为工作区(或编辑区)，在工作表编辑区可

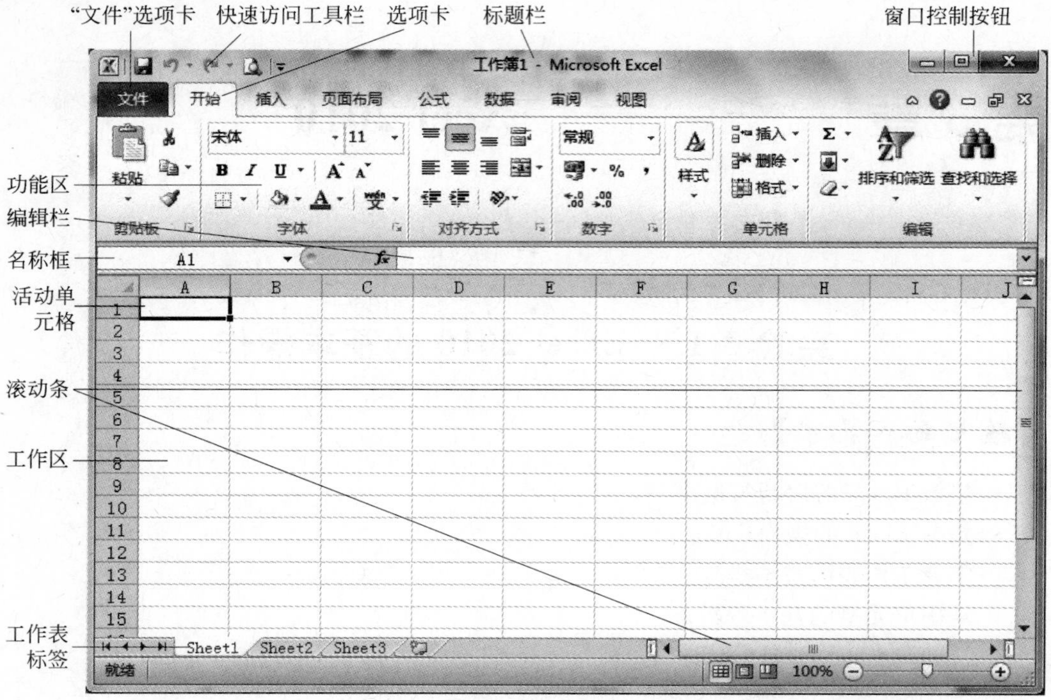

图 3-1　Excel 2010 窗口

以选择、插入、删除、移动、重命名工作表等。

3. Excel 的基本操作

(1) 新建工作簿。

启动 Excel 2010,系统自动建立一个以"工作簿 1"为标题的新工作簿。除此之外,可以使用命令方式新建工作簿。

操作步骤如下:

① 执行"文件"→"新建"命令,弹出"可用模板"任务窗格,如图 3-2 所示。

② 在"可用模板"中选择"空白文档"。

(2) 插入工作表。

① 选择 Sheet1 工作表。

② 单击工作表标签旁边的"插入工作表"快捷按钮,如图 3-3 所示。

(3) 保存工作表。

新建一个工作簿,要求输入如图 3-4 所示的表格内容,并以"产品销售.XLSX" 为文件命名保存在"我的文档"中。

操作步骤如下:

① 启动 Excel 2010。

② 按要求输入表格数据。

③ 执行"文件"→"保存"命令,弹出"另存为"对话框,如图 3-5 所示。

④ 通过"导航窗格"选择保存路径"我的文档"。

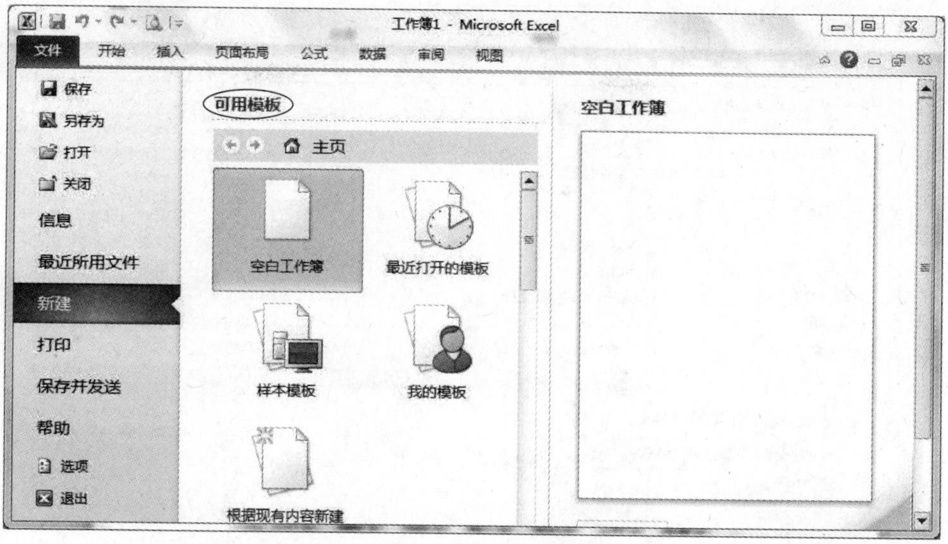

图 3-2 “可用模板”任务窗格

图 3-3 “插入工作表”快捷按钮

	A	B	C	D	E	F	G
1	家用电器基本信息表						
2	序号	产品	进货日期	生产地	数量	价格	备注
3	01	电视机	2013年8月	上海	115	2900	
4	02	空调	2012年12月	珠海	187	4300	
5	03	电冰箱	2013年5月	广州	127	3500	
6	04	电风扇	2012年10月	上海	171	240	
7	05	电磁炉	2013年3月	珠海	132	360	
8	06	加湿器	2013年9月	广州	192	140	
9	07	饮水机	2012年9月	上海	148	150	
10	08	吹风机	2012年5月	珠海	161	130	

图 3-4 表格内容

⑤ 在“文件名”文本框中输入“产品销售”。

⑥ 在“保存类型”列表框中选择“Excel 工作簿”类型。

⑦ 单击“保存”按钮。

(4) 移动或复制工作表。

方法一：

在同一个工作簿文件中移动，可选定工作表，拖动鼠标到指定位置；若为复制，则按住 Ctrl 键后再移动。

方法二：

① 选定一张工作表。

② 在工作表标签上右击，选择弹出快捷菜单中的“移动或复制”命令，弹出“移动或复制工作表”对话框，如图 3-6 所示。

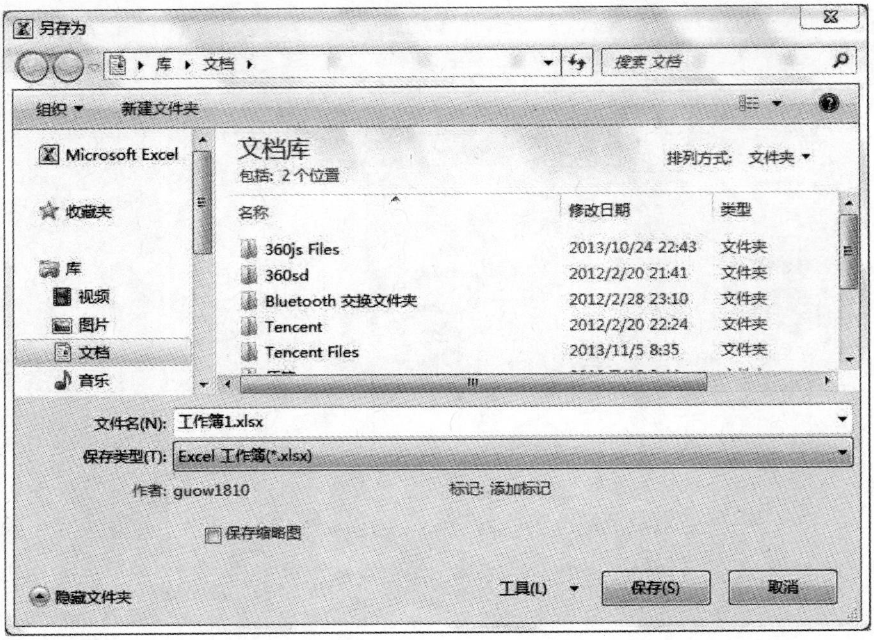

图 3-5 “另存为”对话框

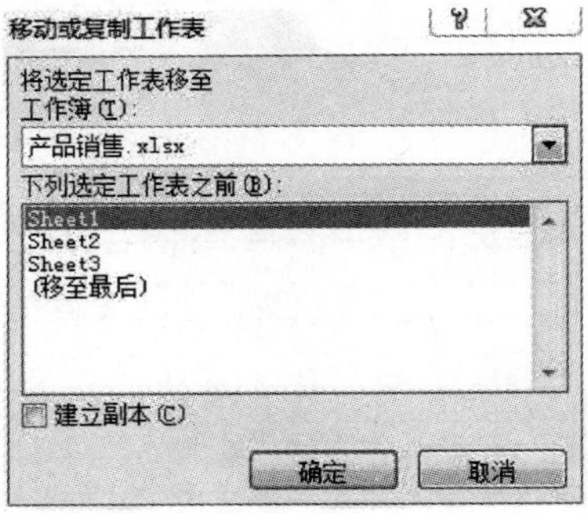

图 3-6 “移动或复制工作表”对话框

③ 在“工作簿”下拉列表框中选择目标工作簿名称。

④ 在“下列选定工作表之前”列表框中选择目标工作表位置。

⑤ 若为复制则勾选“建立副本”复选框。

⑥ 单击“确定”按钮。选定 Sheet1 工作表，拖动鼠标到最后的位置。

(5) 重命名工作表。

打开工作簿文件“产品销售.XLSX”，要求在工作簿中包含 4 张工作表，命名如图 3-7 所示。

操作步骤如下：

① 打开工作簿文件“产品销售.XLSX”。

② 选择 Sheet1 工作表，在工作表标签上右击，选择快捷菜单中的“插入工作表”命令，

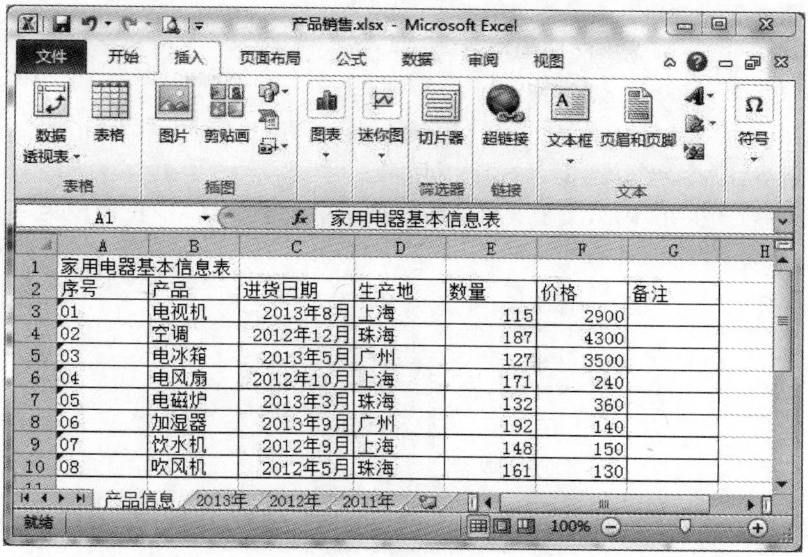

	A	B	C	D	E	F	G
1	家用电器基本信息表						
2	序号	产品	进货日期	生产地	数量	价格	备注
3	01	电视机	2013年8月	上海	115	2900	
4	02	空调	2012年12月	珠海	187	4300	
5	03	电冰箱	2013年5月	广州	127	3500	
6	04	电风扇	2012年10月	上海	171	240	
7	05	电磁炉	2013年3月	珠海	132	360	
8	06	加湿器	2013年9月	广州	192	140	
9	07	饮水机	2012年9月	上海	148	150	
10	08	吹风机	2012年5月	珠海	161	130	

图 3-7 “产品销售”工作簿

插入一张工作表。

③ 选择 Sheet1 工作表，在工作表标签上右击，选择快捷菜单中的“重命名”命令，输入“产品信息”。

④ 重复步骤③，将其他几个工作表分别命名为“2013 年”、“2012 年”、“2011 年”。

4. 工作表数据输入

(1) 使用填充柄。

在“产品信息”工作表中输入序号文本数据。

操作步骤如下：

① 将原来输入的 A3：A10 单元格区域的数据删除。

② 选定 A3 单元格，将输入法切换为英文，输入 01。

③ 将鼠标指向 A3 单元格右下角，鼠标指针变为黑“十”字形，拖曳这个填充柄至 A10 单元格后松开鼠标。

(2) 使用序列填充。

在“产品信息”工作表中输入日期数据(假如每 2 个月进一种货)，如图 3-8 所示。

	A	B	C	D	E	F	G
1	家用电器基本信息表						
2	序号	产品	进货日期	生产地	数量	价格	备注
3	01	电视机	2012年8月	上海	115	2900	
4	02	空调	2012年10月	珠海	187	4300	
5	03	电冰箱	2012年12月	广州	127	3500	
6	04	电风扇	2013年2月	上海	171	240	
7	05	电磁炉	2013年4月	珠海	132	360	
8	06	加湿器	2013年6月	广州	192	140	
9	07	饮水机	2013年8月	上海	148	150	
10	08	吹风机	2013年10月	珠海	161	130	

图 3-8 填充日期示例

操作步骤如下:

① 先将 C3:C10 单元格区域中原来输入的数据删除。

② 选定 C3 单元格,输入"2012-8"。

③ 选定 C3:C10 区域,选择"开始"选项卡,单击"编辑"组中的"填充"按钮→选择"系列"菜单命令,弹出"序列"对话框,如图 3-9 所示。

④ 选择序列产生在"列",类型为"日期",日期单位为"月",步长值设为 2,单击"确定"按钮。

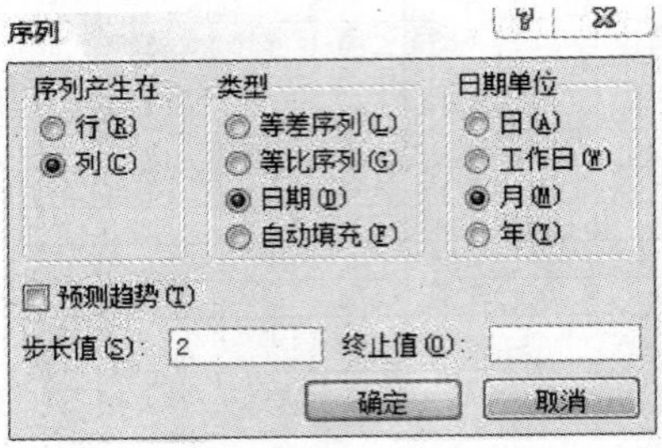

图 3-9 "序列"对话框

(3) 使用自定义序列。

在"产品信息"工作表中输入自定义序列数据。

操作步骤如下:

① 先将 D3:D10 单元格区域中原先输入的数据删除。

② 选择"文件"选项卡,执行"选项"→"高级"命令,弹出"Excel 选项"对话框,选择"常规"选项中的"编辑自定义列表"按钮,如图 3-10 所示。

③ 在"自定义序列"列表框中选择"新序列",在"输入序列"列表框中输入"上海,珠海,广州"(序列中的逗号应为西文逗号),单击"添加"按钮,单击"确定"按钮。

④ 选定 D3 单元格,输入"上海",按 Enter 键。

⑤ 选定 D3 单元格,将鼠标指向 D3 单元格右下角,鼠标指针变为"十"字形,拖曳填充柄至 D10 单元格后松开鼠标。

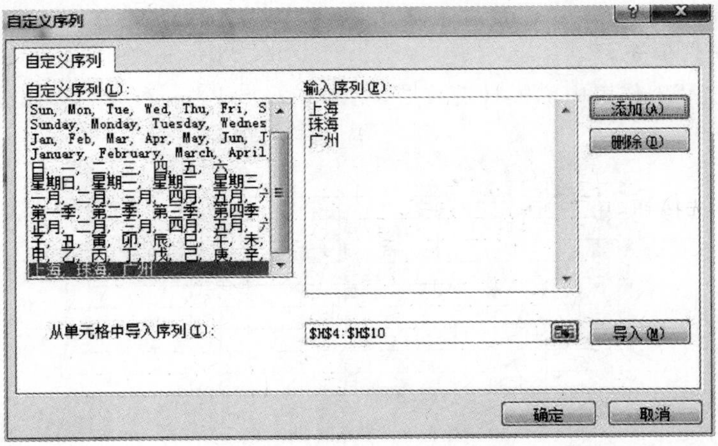

图 3-10 "自定义选项"对话框

5. 编辑单元格

(1) 插入单元格。

在“产品信息”工作表中插入新的单元格，如图 3-11 所示。

	A	B	C	D	E	F	G	H
1	家用电器基本信息表							
2	序号	产品	进货日期	生产地	数量	价格	备注	
3	01	电视机	2012年8月	上海	115	2900		
4	02	空调	2012年10月	珠海	187	4300		
5	03	电冰箱	2012年12月	广州	127		3500	
6		电风扇	2013年2月	上海	171	240		
7	04	电磁炉	2013年4月	珠海	132	360		
8	05	加湿器	2013年6月	广州	192	140		
9	06	饮水机	2013年8月	上海	148	150		
10	07	吹风机	2013年10月	珠海	161	130		
11	08							

图 3-11 插入单元格示例

操作步骤如下：

① 选定 A6 单元格。

② 选择“开始”选项卡，单击“单元格”组中的“插入”按钮，选择“插入单元格”，弹出“插入”对话框，如图 3-12 所示。

③ 选择“活动单元格下移”单选按钮，单击“确定”按钮。

④ 选定 F5 单元格。

⑤ 选择“开始”选项卡，单击“单元格”组中的“插入”按钮，选择“插入单元格”，在弹出的“插入”对话框中选择“活动单元格右移”单选按钮，单击“确定”按钮。

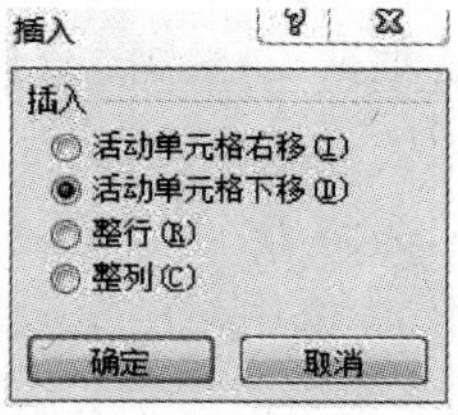

图 3-12 “插入”对话框

(2) 删除单元格。

将“产品信息”工作表中新插入的单元格全部删除。

操作步骤如下：

① 选定 A6 单元格。

② 选择“开始”选项卡，单击“单元格”组中的“删除”按钮，选择“删除单元格”命令，弹出“删除”对话框，如图 3-13 所示。

③ 选择“下方单元格上移”单选按钮，单击“确定”按钮。

④ 选定 F5 单元格。

⑤ 选择“开始”选项卡，单击“单元格”组中的“删除”按钮，选择“删除单元格”命令，在弹出的“删除”对话框中选择“右侧单元格左移”单选按钮，单击“确定”按钮。

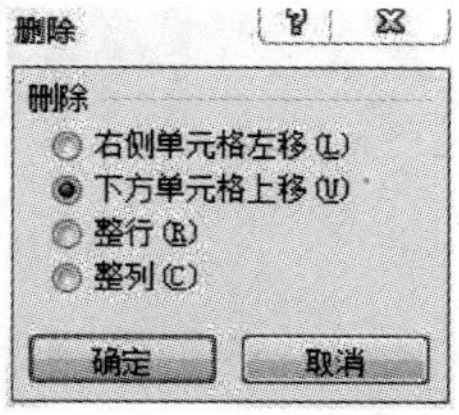

图 3-13 “删除”对话框

6. 编制不规则表格

编制不规则表格的一般思路如下：

(1) 在纸上画好需要设计的表格(有时可能是纸质的现成表格)，用尺子和铅笔将所有能连通的行线和列线全部连通，数一数多少行、多少列。

(2) 按行、列数选中相应单元格区域，加上边框。

(3) 按照纸质表格的布局，将有铅笔线的分别进行合并。

(4) 输入表格内容。

(5) 对表格内容进行格式化。

(6) 调整行高和列宽到合适的位置。

(7) 若表格比较大而且复杂,可能需要结合页边距等反复调整,直至合适为止。

制作如图 3-14 所示的表格。

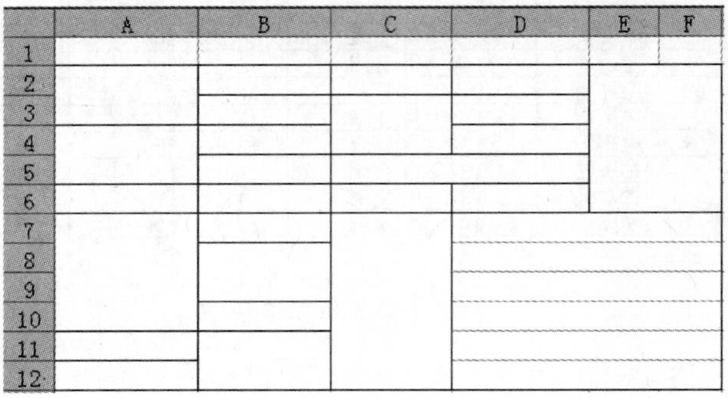

图 3-14　制作表格示例

操作步骤如下:

(1) 选中 A2:F12 单元格区域,选择"开始"选项卡,单击"字体"组中的"边框"按钮选择"所有框线",给单元格加上边框。

(2) 按照示例的布局,将相应的单元格区域分别进行合并,原单元格区域 D7:F12 比较特殊,先将 D7:F7 合并成一个单元格,然后利用本单元格的填充柄向下进行格式复制。

(3) 选中新的单元格区域 D7:F12,单击"字体"组中的"边框"按钮选择"无框线",去掉所选单元格的边框;然后再单击"字体"组中的"边框"按钮选择"外侧框线",去掉所选单元格区域里面的横框线。这样做的意义在于方便文本定位,在打印输出时,隐藏的内框线是不会被打印的,效果如图 3-15 所示。

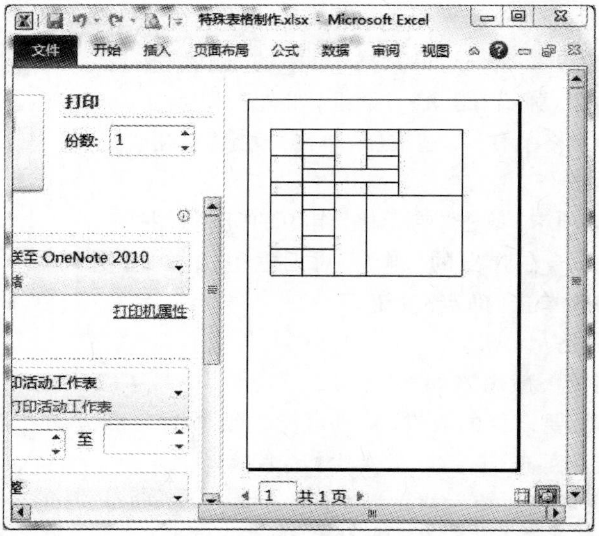

图 3-15　预览效果

实验 3-2　工作表格式化

【实验目的和要求】

- 掌握工作表数据格式化的方法；
- 掌握页面设置的方法；
- 掌握条件格式的设置方法。

【实验内容和步骤】

1. 数据的格式化

(1) 设置数字格式。

利用“开始”选项卡的“数字”组中的命令按钮或执行“对话框启动器”命令，均可对数字格式进行设置。

将“产品信息”工作表中日期和价格进行格式设置，如图 3-16 所示。

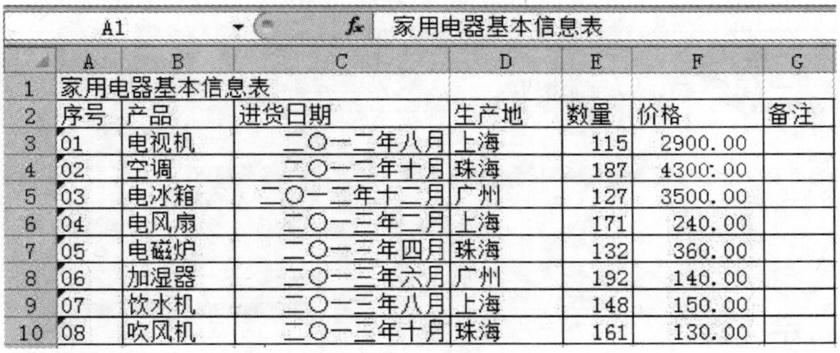

A1　*fx*　家用电器基本信息表

	A	B	C	D	E	F	G
1	家用电器基本信息表						
2	序号	产品	进货日期	生产地	数量	价格	备注
3	01	电视机	二〇一二年八月	上海	115	2900.00	
4	02	空调	二〇一二年十月	珠海	187	4300.00	
5	03	电冰箱	二〇一二年十二月	广州	127	3500.00	
6	04	电风扇	二〇一三年二月	上海	171	240.00	
7	05	电磁炉	二〇一三年四月	珠海	132	360.00	
8	06	加湿器	二〇一三年六月	广州	192	140.00	
9	07	饮水机	二〇一三年八月	上海	148	150.00	
10	08	吹风机	二〇一三年十月	珠海	161	130.00	

图 3-16　设置格式示例

操作步骤如下：

① 选定 F3：F10 区域。

② 选择“开始”选项卡→单击“数字”组右下角的“对话框启动器”，弹出“设置单元格格式”对话框，如图 3-17 所示。

③ 在“数字”选项卡中选择“数值”选项，将“小数位数”设为“2”位。

④ 选定 C3：C10 区域，选择“日期”选项，将“类型”设为“二〇〇一年三月”。

⑤ 单击“确定”按钮。

(2) 设置字体、字号、字形、颜色。

① 使用“字体”功能区按钮。

在“开始”选项卡的“字体”功能区中提供了字体、字号、字形、字体颜色等命令按钮。

② 使用“设置单元格格式”对话框。

选择“开始”选项卡→单击“字体”组右下角的“对话框启动器”，打开“设置单元格格式”对话框，如图 3-18 所示。选择“字体”标签，用户可利用该对话框进行各项设置，如字体、字号、颜色和下划线等，设置效果可在预览框中观察。

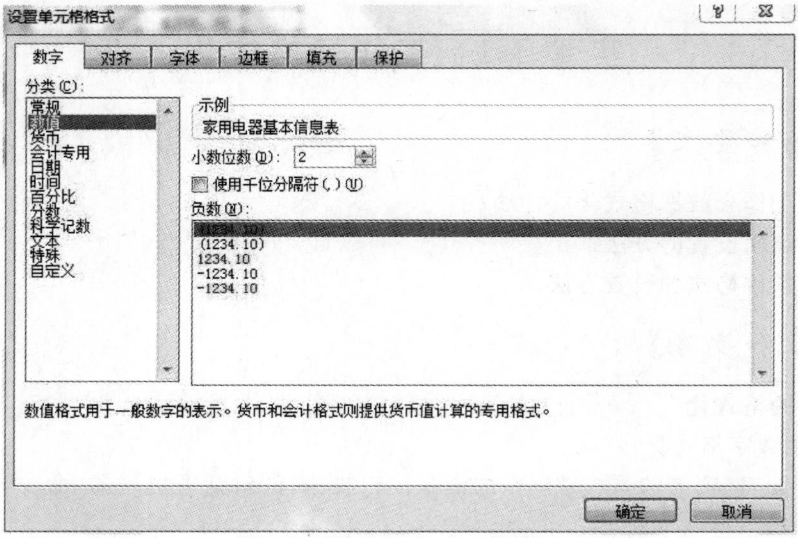

图 3-17 “数字”选项卡

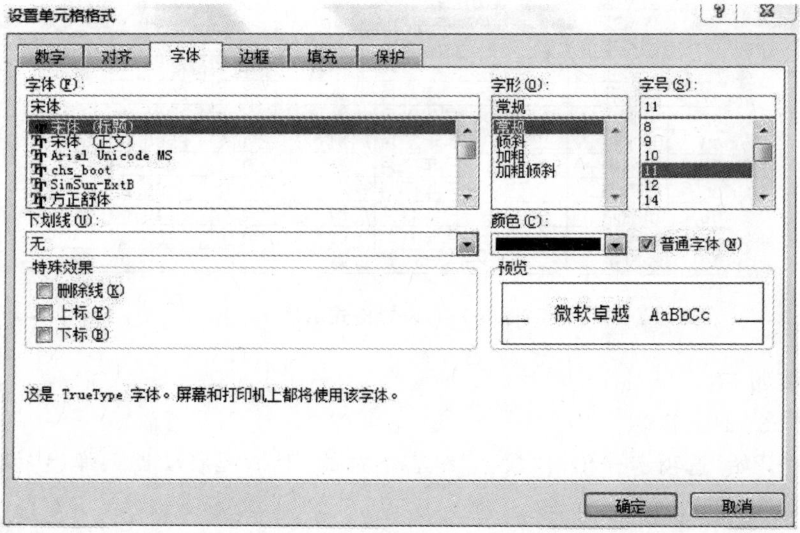

图 3-18 “设置单元格格式”对话框

(3) 设置对齐方式。

① 使用“对齐方式”功能区按钮。

在“开始”选项卡的“对齐方式”功能区中提供了顶端对齐、垂直居中、底端对齐、文本左对齐、居中和文本右对齐等命令按钮,单击相应对齐按钮即可简单的设置。

② 使用“设置单元格格式”对话框。

选择“开始”选项卡→单击“对齐方式”组右下角的“对话框启动器”,打开“设置单元格格式”对话框,选择“对齐”标签,如图 3-19 所示,可按需设置。

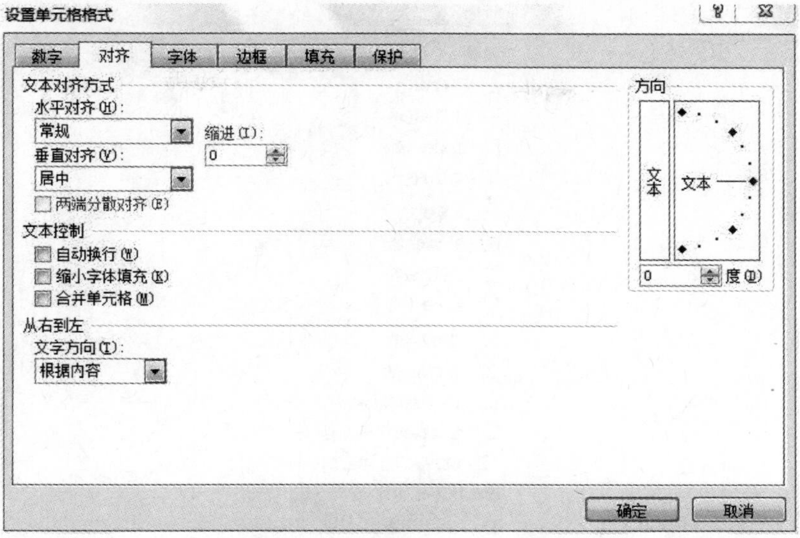

图 3-19 “对齐”选项卡

2. 单元格的格式化

(1) 调整行高和列宽。

方法一:

将鼠标指向行(列)标志的行(列)线上,鼠标指针变为上下(左右)箭头,拖曳鼠标改变行高(列宽)。

方法二:

操作步骤如下:

① 选定一行(列)。

② 在“行”(“列”)上右击,选择“行高”(“列宽”)菜单命令,弹出“行高”(“列宽”)对话框,如图 3-20 和图 3-21 所示。

③ 在“行高”(“列宽”)文本框中输入数值调整行高(列宽)。

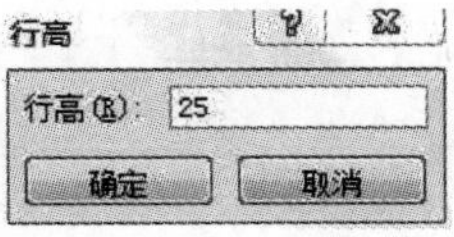

图 3-20 “行高”对话框

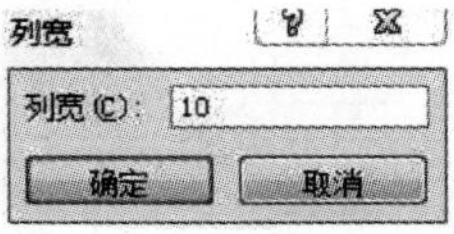

图 3-21 “列宽”对话框

(2) 设置边框。

为方便用户制表,Excel 中的单元格都采用网格线进行分隔,但这些网格线是不能打印的,用户如果希望打印网格线,就需要在页面设置中设置或为单元格添加各种类型的边框。

方法一:

先选定要加边框的单元格或单元格区域,选择“开始”选项卡,单击“字体”组中的“边框”按钮右边向下小黑箭头,弹出如图 3-22 所示的“边框”选项表,选择“所有框线”按钮。

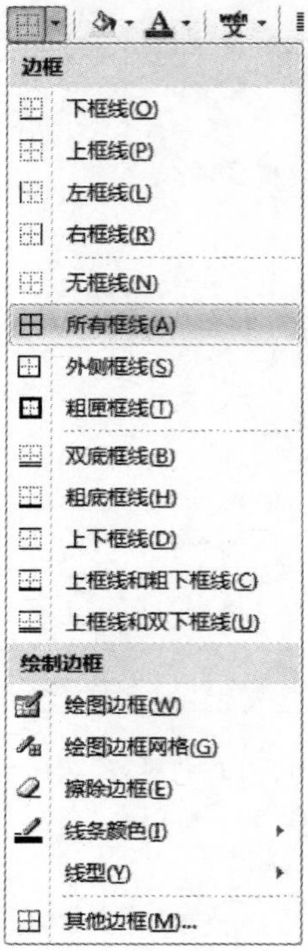

图 3-22 “字体”组中的“边框”选项表

方法二：

先选定要加边框的单元格或单元格区域，选择“开始”选项卡→单击“对齐方式”组右下角的“对话框启动器”，打开“设置单元格格式”对话框，选择“边框”标签，按需设置，如图 3-23 所示。

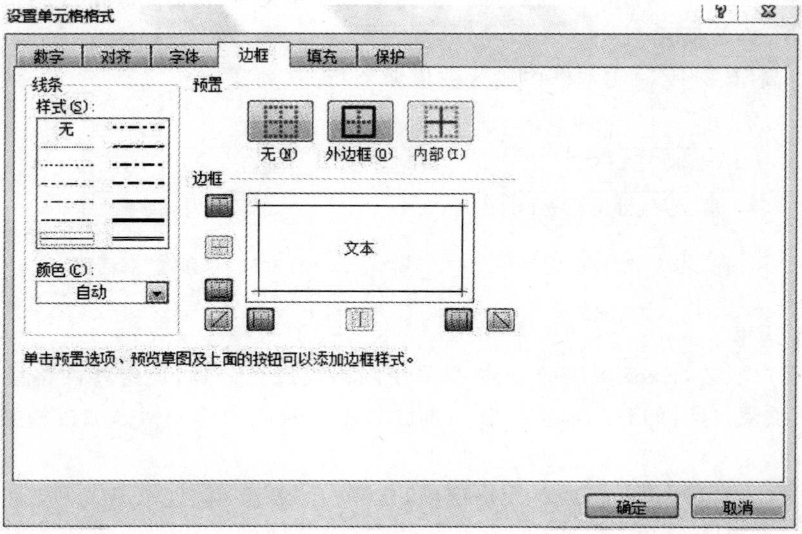

图 3-23 “边框”选项卡

3. 条件格式设置

将工作表中价格小于 200 或大于 3000 的单元格中的数据加粗倾斜，如图 3-24 所示。

A1　　f_x　家用电器基本信息表

	A	B	C	D	E	F	G
1	家用电器基本信息表						
2	序号	产品	进货日期	生产地	数量	价格	备注
3	01	电视机	2012年8月	上海	115	2900	
4	02	空调	2012年10月	珠海	187	***4300***	
5	03	电冰箱	2012年12月	广州	127	***3500***	
6	04	电风扇	2013年2月	上海	171	240	
7	05	电磁炉	2013年4月	珠海	132	360	
8	06	加湿器	2013年6月	广州	192	***140***	
9	07	饮水机	2013年8月	上海	148	***150***	
10	08	吹风机	2013年10月	珠海	161	***130***	

图 3-24　数据示例

操作步骤如下：

(1) 选定 F3：F10 单元格。

(2) 选择“开始”选项卡，单击“样式”组中的“条件格式”按钮，选择“突出显示单元格规则”级联菜单里的“其他规则”，弹出“新建格式规则”对话框，如图 3-25 所示。

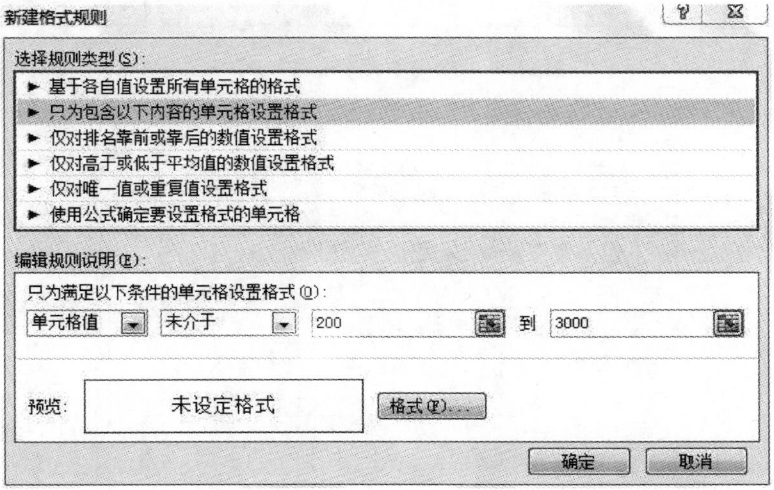

图 3-25　“新建格式规则”对话框

(3) 在下拉列表框中依次选择“单元格值”、“未介于”，在文本框中分别输入 200 和 3000，单击“格式”按钮，弹出“设置单元格格式”对话框，如图 3-26 所示。

(4) 在“字体”选项卡中选择字形为“加粗倾斜”，单击“确定”按钮。

(5) 在“新建格式规则”对话框中可预览效果，单击“确定”按钮。

4. 页面设置

在对工作表进行打印之前，需要先进行页面设置。选择“页面布局”选项卡，单击“页面设置”功能区右下角的“对话框启动器”按钮，弹出“页面设置”对话框，如图 3-27 所示。用户可利用该对话框的“页面”、“页边距”、“页眉和页脚”和“工作表”等 4 个标签对页面进行设置。

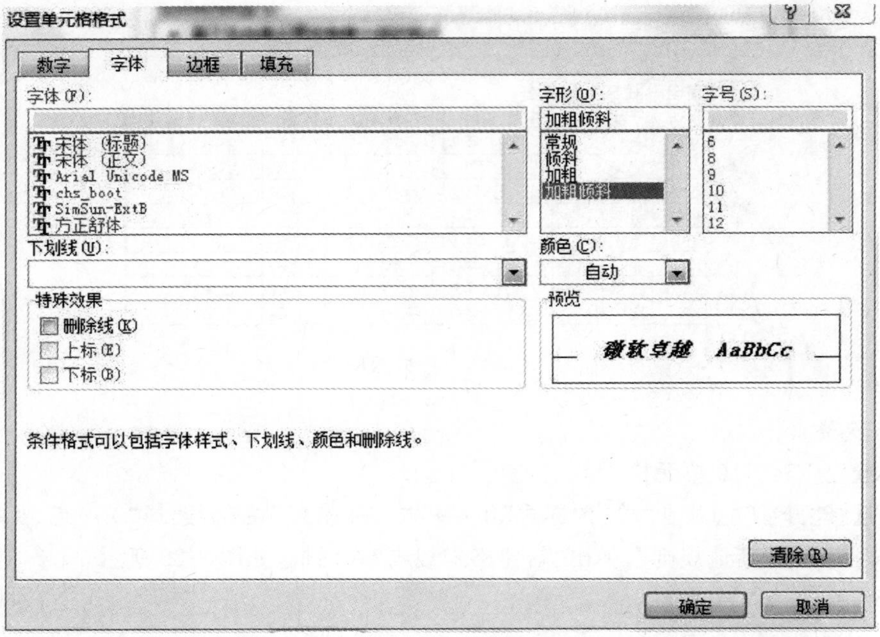

图 3-26 “设置单元格格式”对话框

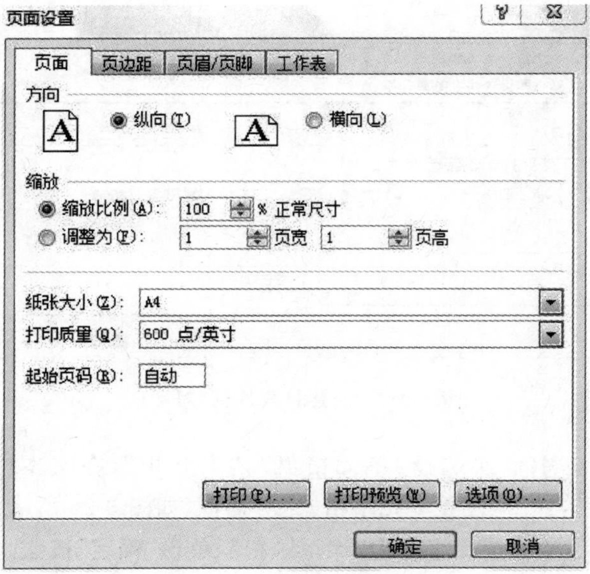

图 3-27 “页面设置”对话框

实验 3-3 公式和函数的使用

【实验目的和要求】

- 掌握公式的使用方法；
- 掌握函数的使用方法；
- 掌握自动计算的方法。

【实验内容和步骤】

1. 公式的使用

输入公式，必须以等号(＝)或加号(＋)开始，用以表明之后的字符序列为公式。紧随等号之后的是需要进行计算的元素(操作数，可以是常数、单元格引用或是函数等)，各操作数之间以运算符分隔。用运算符表示公式操作类型，用地址表示参与计算的数据位置，也可以直接输入数字进行计算。例如，在单元格 D3 中输入“＝D1＋D2－4”，表示将单元格 D1 和 D2 中的数据相加然后再减 4，结果放在单元格 D3 中。当 D3 为活动单元格时，编辑栏中显示公式“＝ D1＋D2－4”。又如公式“＝(B4＋B5)/SUM(B4：E5)”中，分子部分的括号表明首先计算 B4＋B5，然后再除以单元格 B4、B5、C4、C5、D4、D5、E4 和 E5 中数值的和。

当公式中引用的单元格内容发生变化时，Excel 将套用公式自动重新进行计算。

用公式完成如图 3-28 所示各季度总销售额的计算。

操作步骤如下：

(1) 选定“2009 年”工作表。

(2) 选定 D11 单元格，在编辑栏中输入“＝ D3＋D4＋D5＋D6＋D7＋D8＋D9＋D10”，按 Enter 键。

(3) 利用 D11 单元格中的公式进行公式复制，数据填充 E11：G11。

D11　fx　=D3+D4+D5+D6+D7+D8+D9+D10

	A	B	C	D	E	F	G	H
1				家用电器销售表				
2	序号	产品	生产地	春	夏	秋	冬	平均销售额
3	01	电视机	上海	36	32	41	45	
4	02	空调	珠海	34	46	27	39	
5	03	电冰箱	广州	44	41	38	29	
6	04	电风扇	上海	22	43	37	25	
7	05	电磁炉	珠海	30	32	36	34	
8	06	加湿器	广州	43	39	24	47	
9	07	饮水机	上海	28	54	46	33	
10	08	吹风机	珠海	45	31	32	42	
11		总销售额		282				

图 3-28　用公式计算

2. 函数的使用

函数是一种复杂的公式，是公式的概括，它们由等号(＝)、函数名和参数组成。Excel 提供了大量功能强大的函数，可以方便快速地进行数据处理，提高工作效率。函数名一般以大写字母出现，用来描述函数的功能参数用“()”括起来，参数可以是数字、单元格引用或函数计算所需要的其他信息,当参数多于一个时,要用“,”分隔开。

例如,SUM 函数对单元格或单元格区域进行加法计算,其语法格式如下:

SUM(num1,num2,…)。其中,SUM( )是函数名; num1,num2,…为参数,最多可使用 30 个。

参数也可以是其他函数,即所谓的函数嵌套。Excel 中最多允许嵌套 7 级函数。

Excel 提供给用户的函数包括数学和三角函数、统计函数、文本函数、财务函数、日期与时间函数、逻辑函数、查找和引用函数、数据库函数和信息函数等。

函数的输入有两种方式:

方式一:手工输入。

对于一些简单变量的函数,可以采用手工输入。方法跟在单元格中输入公式的方法一样。即先在编辑栏中输入“=”,然后直接输入函数名和参数。

方式二:使用函数向导输入。

对于复杂的或参数比较多的函数,则经常使用函数向导输入。

利用函数计算如图 3-29 所示工作簿“2013 年”工作表中的总销售额和平均销售额。

D11

	A	B	C	D	E	F	G	H
1	家用电器销售表							
2	序号	产品	生产地	春	夏	秋	冬	平均销售额
3	01	电视机	上海	36	32	41	45	
4	02	空调	珠海	34	46	27	39	
5	03	电冰箱	广州	44	41	38	29	
6	04	电风扇	上海	22	43	37	25	
7	05	电磁炉	珠海	30	32	36	34	
8	06	加湿器	广州	43	39	24	47	
9	07	饮水机	上海	28	54	46	33	
10	08	吹风机	珠海	45	31	32	42	
11	总销售额							

图 3-29　函数计算数据表

操作步骤如下:

(1) 选定“2013 年”工作表。

(2) 选定 D11 单元格,选择“公式”选项卡,单击“插入函数”按钮,弹出“插入函数”对话框,如图 3-30 所示。

(3) 在“类别”下拉列表框中选择“常用函数”,在“选择函数”列表框中选择 SUM,单击“确定”按钮,弹出“函数参数”对话框,如图 3-31 所示。

(4) 在 Number1 文本框中输入“D3: D10”或单击带小红箭头的按钮来选取单元格区域,然后再单击选取范围对话框按钮返回“函数参数”对话框,最后单击“确定”按钮。

(5) 利用 D11 单元格中的公式,通过填充柄进行格式复制到 G11。

(6) 参照步骤(2)～(5)的方法,计算平均销售额,只是在选择函数时,选择求平均值的函数 AVERAGE( )。

3. 编辑公式或函数

当公式或函数需要编辑或修改时,选定公式或函数所在的单元格,所应用的表达式将出现在编辑栏的编辑区中,可以在编辑区中修改公式或函数参数,也可对函数本身进行修改

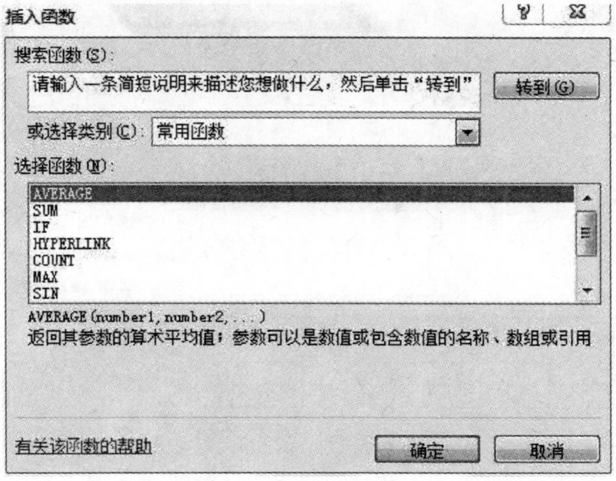

图 3-30 “插入函数”对话框

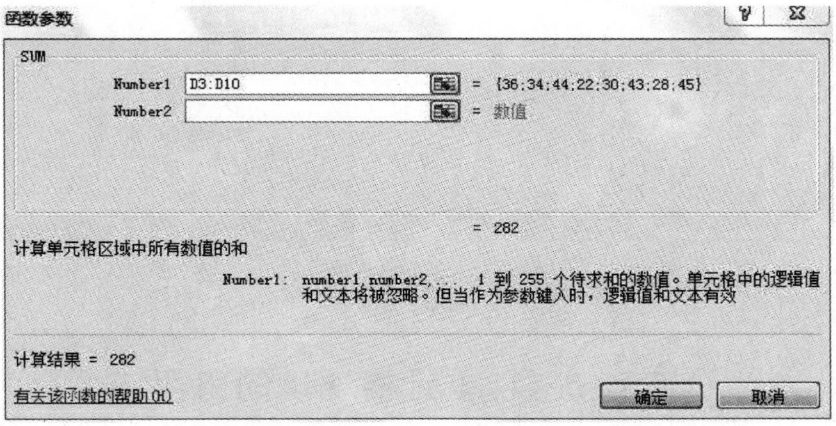

图 3-31 “函数参数”对话框

(即修改函数功能)，或利用粘贴函数来实现函数的嵌套。

4. 自动求和

在“公式”选项卡的“函数库”功能区中有一个自动求和$\sum$按钮，利用它可以实现指定单元格区域的自动求和运算。它的功能相当于 SUM()，只是对一些简单求和来说操作更方便些。

5. 自动计算

在 Excel 应用程序状态栏中右击，会弹出如图 3-32 所示的自定义状态栏。它提供平均值、计数、数值计数、最大值、最小值、求和等多种功能。当选定某个单元格区域，则系统会自动计算出区域相应的统计值并显示在状态栏中。例如，选择“计数”选项，则选中单元格区域 F3：F10 后，状态栏显示个数为 8。

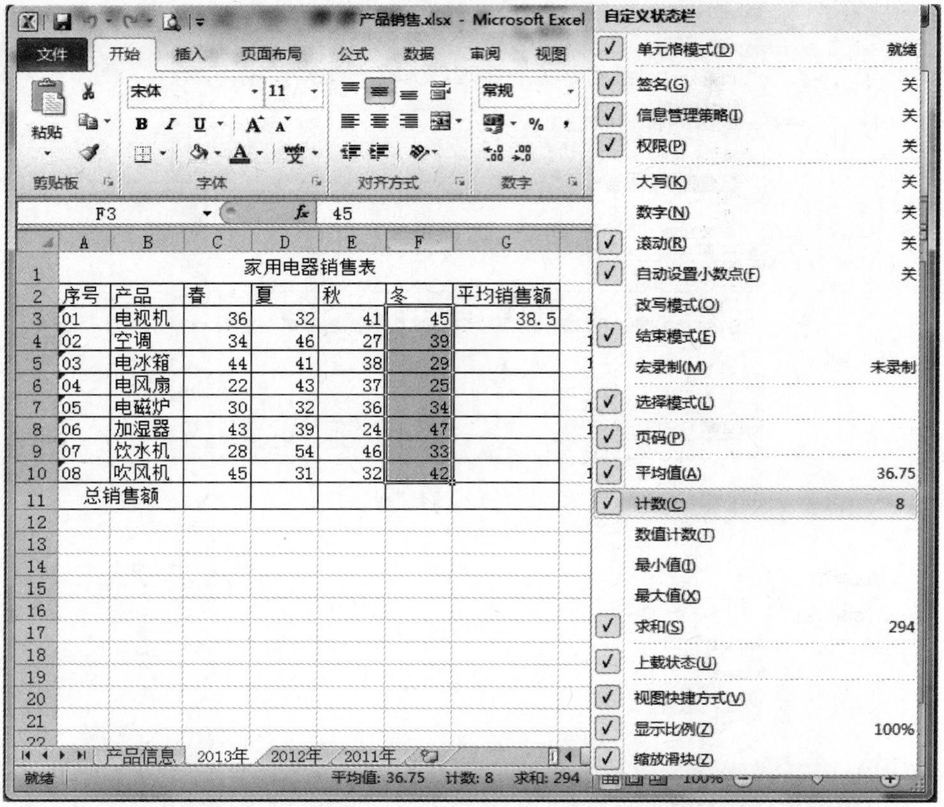

图 3-32 统计分析框示例

实验 3-4 单元格地址的引用

【实验目的和要求】

- 掌握单元格地址的相对引用;
- 掌握单元格地址的绝对引用;
- 掌握单元格地址的混合引用。

【实验内容和步骤】

Excel 提供三种不同的引用类型:相对引用、绝对引用和混合引用,应注意区分。在实际运算时,要根据数据的关系来决定采用哪种引用方式。

1. 相对地址引用

相对地址引用直接引用单元格区域,不需要加“$”符号。使用相对引用后,系统将记住建立公式的单元格和被引用单元格的相对位置,复制公式时,新的公式所在的单元格和被引用的单元格之间仍保持这种相对位置关系。例如,在工作表单元格 A3 中输入公式“=(D3+E3+F3+G3)/4”,将它复制应用到 A4(行变列不变)单元格,则 A4 中的公式为“=(D4+

E4＋F4＋G4)/4"(行变列不变)，将它复制应用到 B6(行列都变)单元格，则 B6 中的公式为"＝(E6＋F6＋G6＋H6)/4"(行列都变)。

2. 绝对地址引用

绝对引用的单元格地址，行号和列标前面都带有"＄"符号，使用绝对引用后，被引用的单元格与公式所在的单元格之间的位置关系是绝对的，无论这个公式复制到任何单元格，公式所引用的单元格不变，因而引用的数据也不变。

3. 混合地址引用

混合引用是在引用中既有相对引用，又有绝对引用。复制单元格后，有时需要变行不变列，有时需要变列不变行，将不需要变的绝对引用，需要变的相对引用。

打开"产品销售.XLSX"工作簿，在"2013 年"工作表中计算春季各种产品的销售额占总销售额的比例。

操作步骤如下(假如将各结果放在 I 列)：

(1) 选定单元格 I3。

(2) 输入"＝D3/SUM(＄D＄3：＄D＄10)"或"＝D3/SUM(D＄3：D＄10)"，按 Enter 键(可以先不要绝对引用，尝试后果，分析原因)。

(3) 选定单元格 I3，复制公式到 I10 单元格。

(4) 选中 I3：I10 单元格，单击"开始"选项卡的"数字"将单元格值显示设置为百分比样式，结果如图 3-33 所示。

I3 　 =D3/SUM(D$3:D$10)

	A	B	C	D	E	F	G	H	I
1	家用电器销售表								
2	序号	产品	生产地	春	夏	秋	冬	平均销售额	百分比
3	01	电视机	上海	36	32	41	45	38.5	13%
4	02	空调	珠海	34	46	27	39	36.5	12%
5	03	电冰箱	广州	44	41	38	29	38	16%
6	04	电风扇	上海	22	43	37	25	31.75	8%
7	05	电磁炉	珠海	30	32	36	34	33	11%
8	06	加湿器	广州	43	39	24	47	38.25	15%
9	07	饮水机	上海	28	54	46	33	40.25	10%
10	08	吹风机	珠海	45	31	32	42	37.5	16%
11	总销售额			282	318	281	294	293.75	

图 3-33　单元格地址引用

实验 3-5　图表

【实验目的和要求】

- 掌握图表的创建方法；
- 掌握对图表的编辑。

【实验内容和步骤】

1. 创建数据表

图表可以单独创建为一个工作表，也可以嵌入到工作表中作为工作表的一部分，还可以将图表插入到其他文档中，如 Word 文档等。

图表是数据的图形化表示,有多种类型,每种类型又有多种格式。使用最普遍的图表是折线图、柱形图、条形图、饼图等。

(1) 将“产品销售.XLSX”工作簿“2013 年”工作表中各产品的平均销售额以图表的形式表示(三维簇状柱形图)。

操作步骤如下:

① 先选定“2013 年”工作表中单元格区域 B2: B10,在按住 Ctrl 键的同时,再选取单元格区域 G2: G10,如图 3-34 所示。

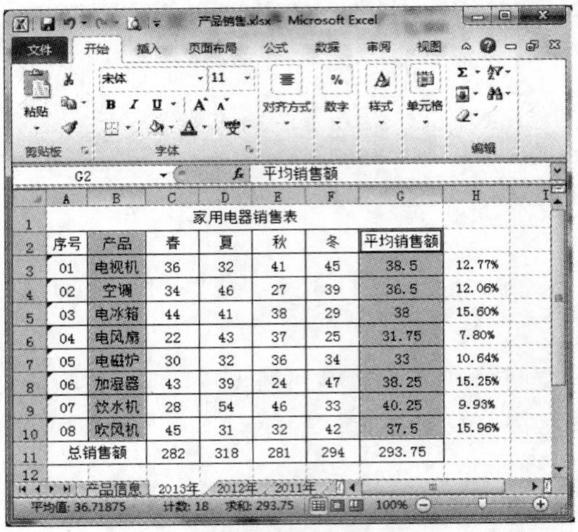

图 3-34 选择所需单元格区域

② 选择“插入”选项卡,单击“图表”组中的“柱形图”按钮,弹出如图 3-35 所示的图表选项卡,选择“三维柱形图”中的“三维簇状柱形图”,形成最初步的图表,如图 3-36 所示。

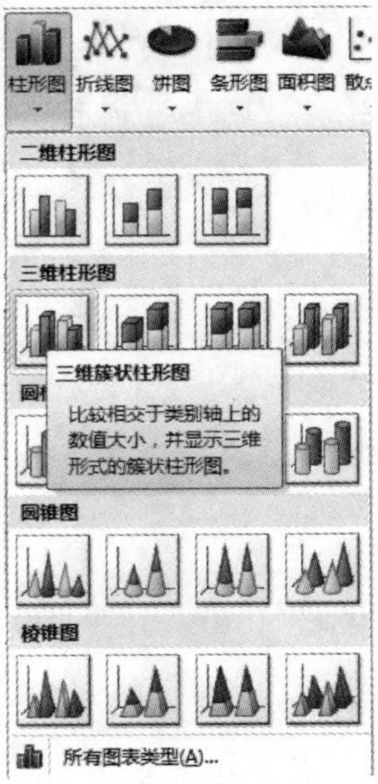

图 3-35 图表选项卡

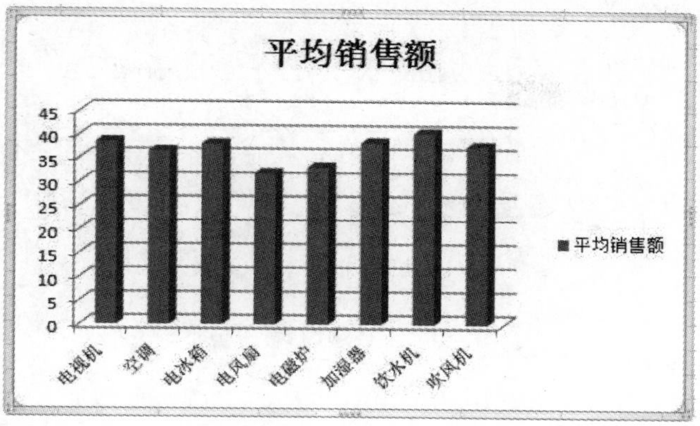

图 3-36　图表初形

③ 选择“图表工具”中的“布局”选项卡，如图 3-37 所示，按需进行相应设置。

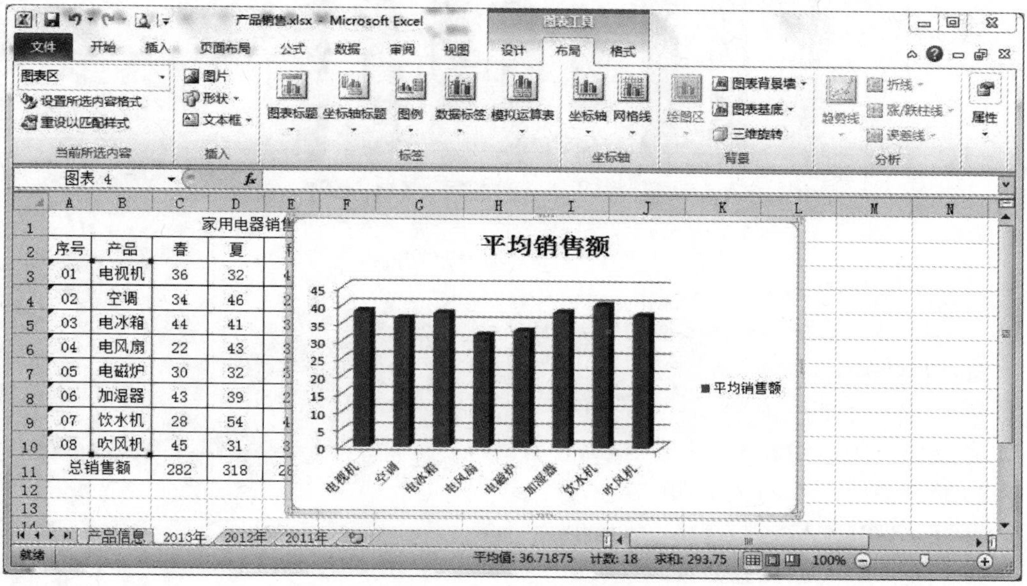

图 3-37　“布局”选项卡

- 图表标题：该选项提供了“图表标题”的添加与修改功能。
- 坐标轴标题：可指定纵、横坐标轴的标题。
- 网格线：可选择主要和次要网格线，也可什么都不选。
- 图例：设置是否包括图例以及图例放置的位置。
- 数据标签：设置是否显示数据标志。
- 模拟运算表：设置在图表中是否显示模拟运算表。

④ 选择“图表工具”中的“设计”选项卡，单击“位置”组中的“移动图表”按钮，弹出“移动图表”对话框，如图 3-38 所示，可重新选择放置图表的位置。

⑤ 设置完之后，可参照 Word 图形对象的操作方法对图表进行大小及位置的调整，插

入的图表效果如图 3-39 所示。

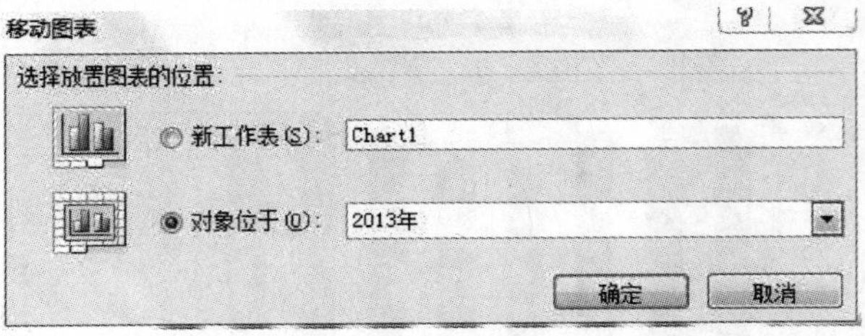

图 3-38 “移动图表”对话框

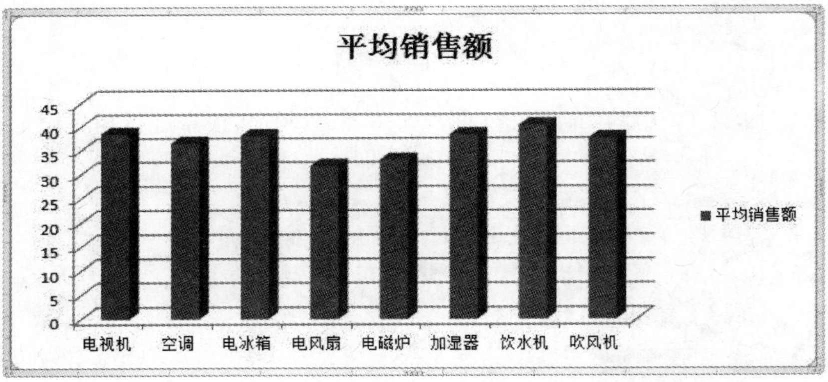

图 3-39 平均销售额图表

(2) 以 $y=x^2$ 为例,绘制二次曲线,如图 3-40 所示。

操作步骤如下:

① 新建一个工作表。

② 在第一行分别输入“x,-7,-6,-5,-4,-3,-2,-1,0,1,2,3,4,5,6,7”数据。

③ 选择 A:P 列,将列宽调整为 3。

④ 在 A2 中输入 y。

⑤ 选择 B2 单元格,输入公式“=(B1)^2”或“=(B1 * B1)”。

⑥ 拖曳填充柄,将公式复制到 C2:P2 各单元格。

⑦ 选中单元格区域 A1:P2,插入图表。

⑧ 图表类型选择“散点图”中的“带平滑线散点图”。

2. 编辑图表

在图表创建成功后,还可以对图表进行编辑。例如,更改图表类型、添加和删除图表中的数据系列、格式化图表等,使图表变得更加实用、美观和完善。

(1) 更改图表类型。

操作步骤如下:

① 单击选定要更改类型的图表,系统自动出现“图表工具”的“设计”选项卡。

② 执行“类型”组中的“更改图表类型”按钮,打开“更改图表类型”对话框,如图 3-41 所示。

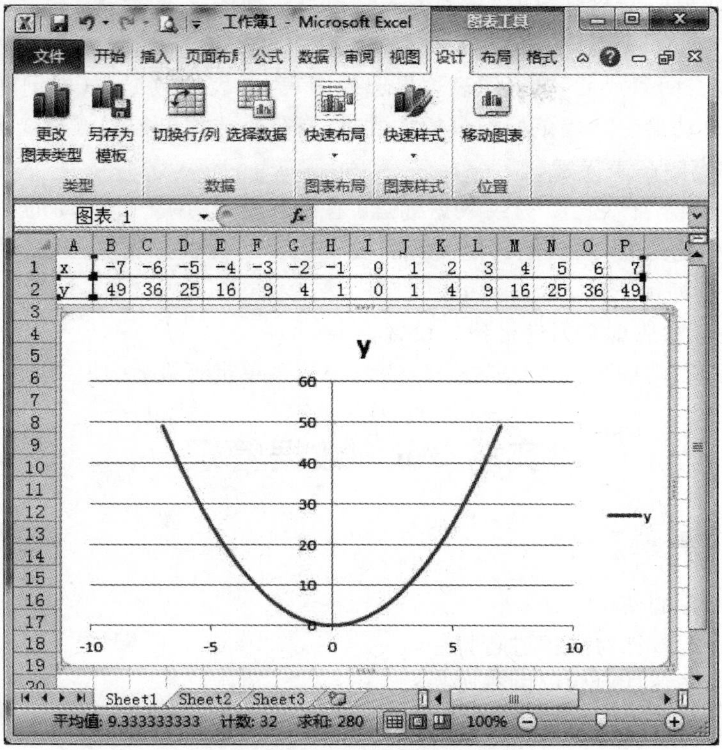

图 3-40　带平滑线散点图

③ 选择合适的图表类型，即可更改图表类型。

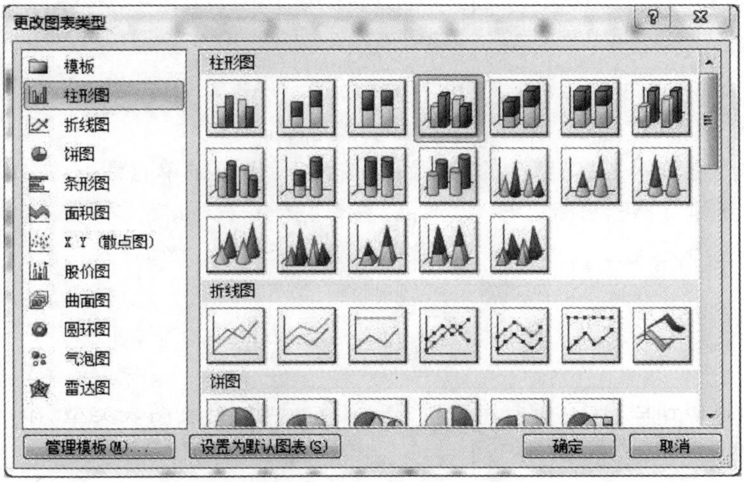

图 3-41　“更改图表类型”对话框

(2) 移动图表和改变图表尺寸。

如果在创建图表过程中，用户选择了如图 3-38 所示的“对象位于”当前工作表，就可以自由地移动图表和改变尺寸。这时，可以选择“图表工具”中的“设计”选项卡，单击“位置”组中的“移动图表”按钮,通过弹出的“移动图表”对话框,如图 3-38 所示,重新选择放置图表的位置。

要移动或改变图表尺寸,单击图表边界选择图表,图表的数据源(即创建图表时选的单元格区域)就会自动显示。用鼠标拖曳的方式进行移动,或拖曳控制点改变图表尺寸。

(3) 编辑和删除图表元素。

图表的一些部分(标题、图例或数据标志)是可以改变、编辑和移动的。要移动图表元素,只需单击选中此元素,然后把它拖曳到图表中想要的位置。删除图表元素时,选中图表元素,按 Delete 键即可删除。

(4) 对图表区和数据系列进行格式设置。

图表生成后,右击图表区或图表,可以通过快捷菜单进行设置,使图表更加美观、醒目。

实验 3-6 数据管理

【实验目的和要求】

- 掌握记录单的使用方法;
- 掌握按指定条件对数据进行排序;
- 掌握按指定条件对数据进行筛选;
- 掌握数据的分类汇总。

【实验内容和步骤】

1. 记录单的使用

利用记录单功能为“产品销售.XLSX”工作簿“2013 年”工作表中添加新记录。

操作步骤如下:

(1) 首先删除有合并单元格的第 11 行,然后选定 A2: G10 区域,或单击“名称框”下拉列表按钮,选择“销售额”选项,数据清单就自动被选中。

(2) 单击“快速访问工具栏”中的“记录单”按钮,弹出记录单对话框,如图 3-42 所示。

(3) 单击“新建”按钮,分别在序号、产品、春季、夏季、秋季、冬季等文本框中输入数据。

(4) 单击“关闭”按钮。

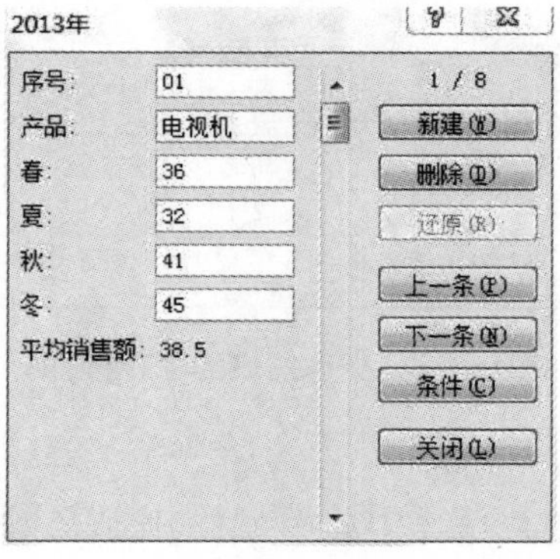

图 3-42 记录单对话框

2. 数据排序

有时为了满足不同数据分析的要求，需要对数据清单按照一定的方式进行排序，即根据某一字段的数据由小到大（升序或递增）或由大到小（降序或递减）进行排列。

对数值型数据，按数值大小来排列；对字符型数据，按第一个字母（汉字以拼音的第一个字母）从 A～Z 次序排序称为升序；反之，从 Z～A 次序排序称为降序。

当按“主要关键字”排序的数据相同时，则会自动以默认方式按其他列进行排序，为了更能反映情况，可指定“次要关键字”甚至“第三关键字”条件来排序。

将“产品销售. XLSX”工作簿“2013 年”工作表中数据按平均销售额降序排序，效果如图 3-43 所示。

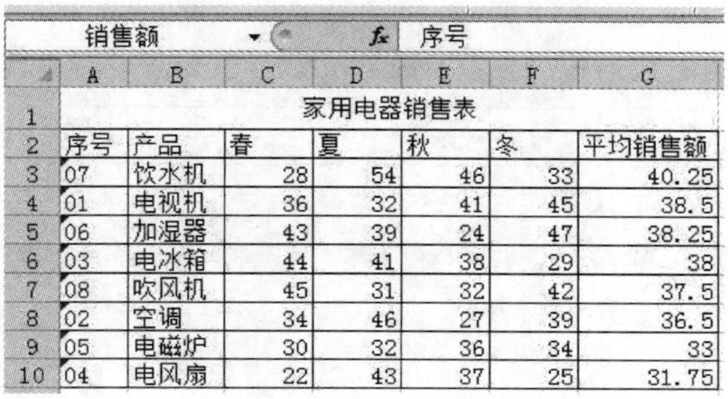

	A	B	C	D	E	F	G
1	家用电器销售表						
2	序号	产品	春	夏	秋	冬	平均销售额
3	07	饮水机	28	54	46	33	40.25
4	01	电视机	36	32	41	45	38.5
5	06	加湿器	43	39	24	47	38.25
6	03	电冰箱	44	41	38	29	38
7	08	吹风机	45	31	32	42	37.5
8	02	空调	34	46	27	39	36.5
9	05	电磁炉	30	32	36	34	33
10	04	电风扇	22	43	37	25	31.75

图 3-43　排序结果

操作步骤如下：

(1) 选定 A2：G11 区域，或单击“名称框”下拉列表按钮，选择“销售额”选项，数据清单就自动被选中。

(2) 选择“数据”选项卡，单击“排序和筛选”组中的“排序”按钮，弹出“排序”对话框，如图 3-44 所示。

(3) 选择主要关键字为“平均销售额”、“降序”。

(4) 单击“确定”按钮。

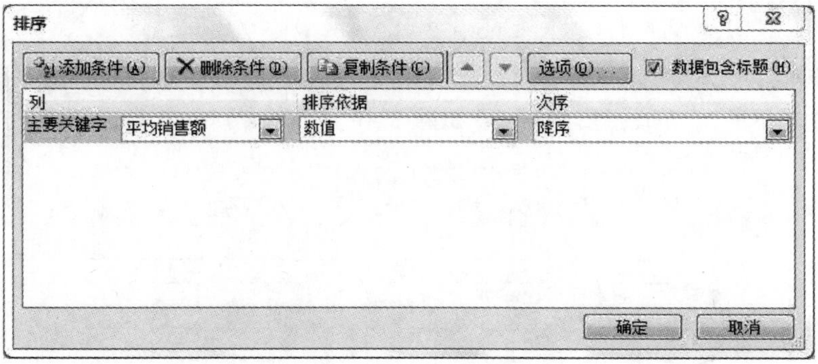

图 3-44　“排序”对话框

3. 自动筛选

所谓筛选，是指只在窗口中显示数据清单中满足指定条件的那些行，其他记录则被暂时隐藏起来。Excel 2010 提供了两个实现筛选的命令：自动筛选与高级筛选。

在“产品销售.XLSX”工作簿“2013 年”工作表中筛选所有上海的产品，结果如图 3-45 所示。

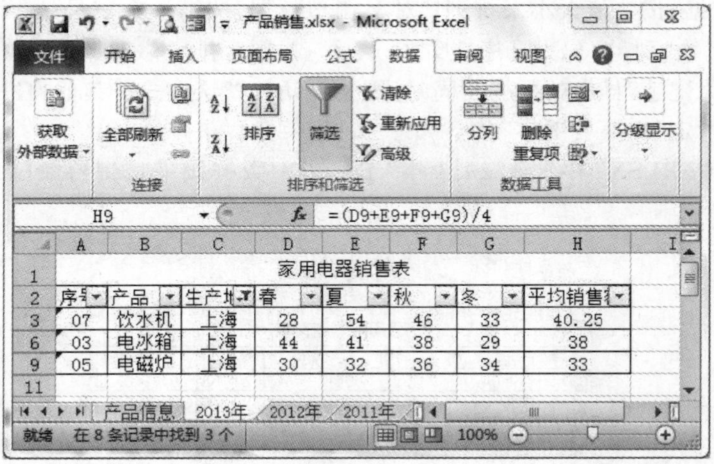

图 3-45 筛选结果

操作步骤如下：

(1) 将光标置于数据清单中的任意一个单元格中。

(2) 选择“数据”选项卡，单击“排序和筛选”组中的“筛选”按钮，则在第二行每一个单元格内容右侧出现一个下拉列表箭头。

(3) 选择“生产地”下拉列表框中的“上海”。

(4) 再次执行“数据”→“筛选”命令，即可取消筛选。

4. 高级筛选

“高级筛选”能够完成更加复杂的筛选操作，允许许多字段条件的组合筛选，各个条件之间都进行“与”操作。进行高级筛选前，必须先在数据清单之外的区域设立一个条件区域，条件的第一行是条件的字段名，从第二行起是该字段的条件值，因此条件区域的行数至少为两行。

在“产品销售.XLSX”工作簿“2013 年”工作表中筛选出夏季销售额大于 50 的产品且生产地在上海或广州的产品销售信息，结果如图 3-46 所示。

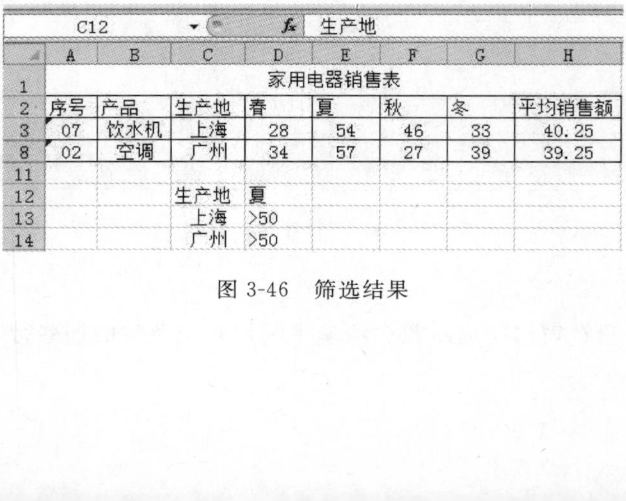

C12 生产地

	A	B	C	D	E	F	G	H
1	家用电器销售表							
2	序号	产品	生产地	春	夏	秋	冬	平均销售额
3	07	饮水机	上海	28	54	46	33	40.25
8	02	空调	广州	34	57	27	39	39.25
11								
12			生产地	夏				
13			上海	>50				
14			广州	>50				

图 3-46 筛选结果

操作步骤如下：

(1) 选中 C12 单元格，从该行列开始输入条件区域内容。

(2) 执行“数据”→“排序和筛选”→“高级筛选”命令，弹出“高级筛选”对话框，如图 3-47 所示。

(3) 将“列表区域”指定到数据清单。

(4) 将“条件区域”指定到条件区域 C12：D14。

(5) 单击“确定”按钮。

(6) 执行“数据”→“排序和筛选”→“清除”命令，即可取消筛选结果，显示全部数据清单数据。

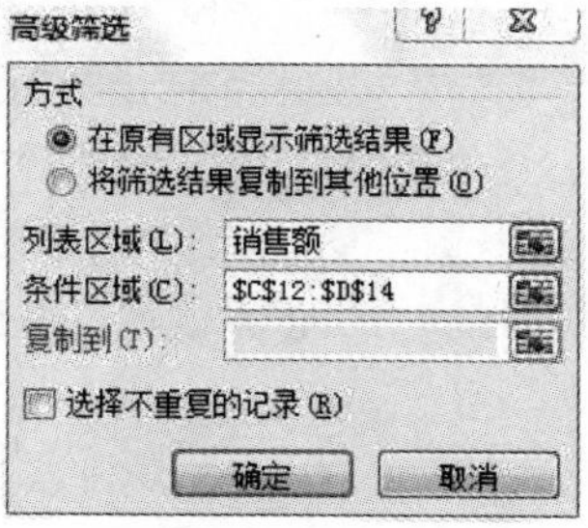

图 3-47 “高级筛选”对话框

5. 分类汇总

分类汇总是将经过排序后已具有一定规律的数据进行汇总，生成各类汇总报表。所以要进行分类汇总，首先要对数据清单按照汇总类型进行排序，使同类型的记录集中在一起，即排序就是一种分类机制，然后进行分类汇总。

在“产品销售.XLSX”工作簿“2013 年”工作表中分类汇总各生产地的产品各季节的销售总量，如图 3-48 所示。

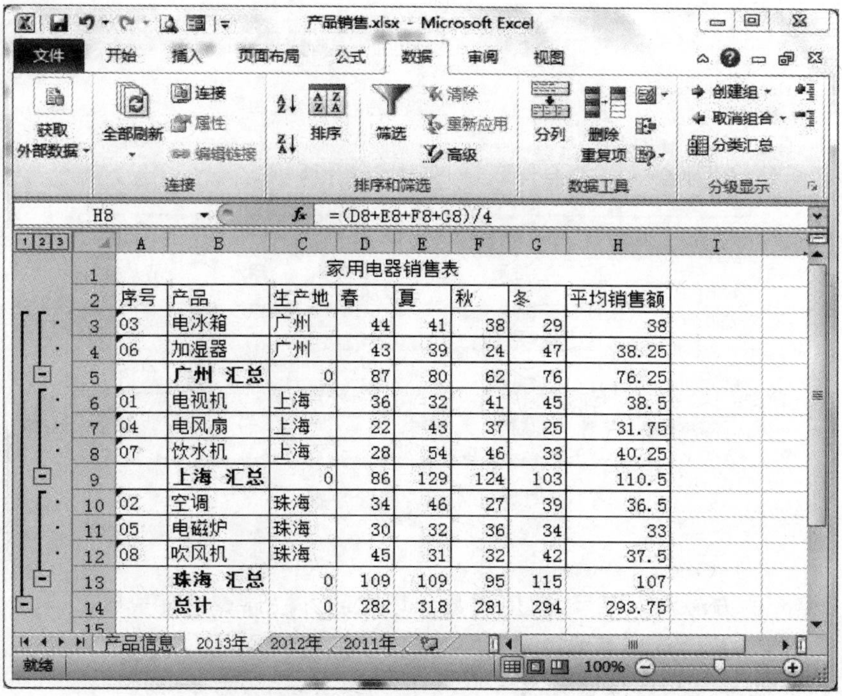

图 3-48 分类汇总结果

操作步骤如下：

(1) 若数据清单已改变，执行“公式”→“定义的名称”→“名称管理器”命令对数据清单进行编辑修改，选定数据清单，执行“数据”→“排序”命令，按“生产地”进行排序。

(2) 选择“数据”选项卡,单击“分级显示”组中的“分类汇总”按钮,弹出“分类汇总”对话框,如图 3-49 所示。

(3) 选择分类字段为“生产地”,汇总方式为“求和”,选定汇总项为“春”、“夏”、“秋”和“冬”,并选中“替换当前分类汇总”和“汇总结果显示在数据下方”复选框。

(4) 单击“确定”按钮即可完成分类汇总。

(5) 选择“数据”选项卡,单击“分级显示”组中的“分类汇总”按钮,在弹出的“分类汇总”对话框中单击“全部删除”按钮,即可清除分类汇总结果,原来数据清单的内容即可显示出来。

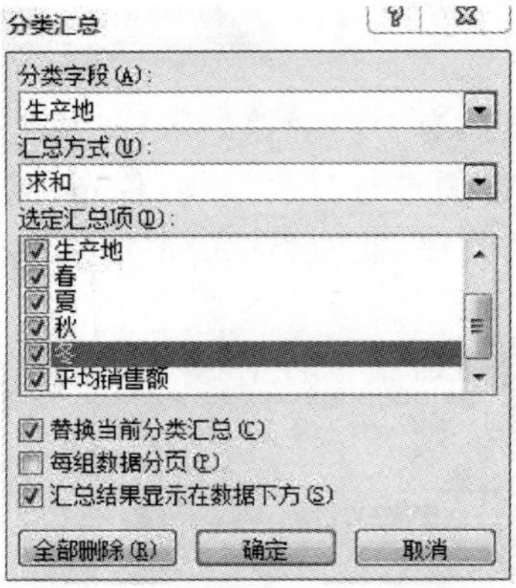

图 3-49 “分类汇总”对话框

综合实验:建立工作簿,输入下列数据,如图 3-50 所示。

	A	B	C	D	E	F	G
1	计算机成绩表						
2	序号	姓名	性别	平时	期中	期末	总评成绩
3	01	A1	男	88	74	81	
4	02	A2	女	85	92	81	
5	03	A3	男	65	71	50	
6	04	A4	女	78	83	67	
7	05	A5	男	96	86	82	
8		平均分					
9	成绩比例	平时	期中	期末			
10		0.3	0.2	0.5			

图 3-50 综合实验数据

要求:

① 利用填充的方法输入序号,利用函数和填充的方法计算总评成绩和平均分,比例用地址引用的方法(注意比较地址的绝对、相对和混合引用的异同)。

② 将 A1:G1 单元格区域合并及居中,字体为隶书,字号为 26 磅。

③ 为 A2:G8 单元格区域设置所有框线,所有单元格中部居中。

④ 生成平均分三维分离饼图。

⑤ 按照学生性别分类汇总,统计出男、女生人数和平均分。

⑥ 保存工作簿。

第 4 章　PowerPoint 2010

实验 4-1　PowerPoint 2010 的基本操作

【实验目的和要求】

- 掌握 PowerPoint 2010 的启动与退出；
- 熟悉 PowerPoint 2010 的操作环境；
- 掌握演示文稿的创建、保存等基本操作；
- 掌握演示文稿的基本编辑方法。

【实验内容和步骤】

1. PowerPoint 2010 的启动与退出

(1) PowerPoint 2010 的启动。

方法一：选择“开始”→“程序”→Microsoft Office PowerPoint 2010 命令，启动后如图 4-1 所示。

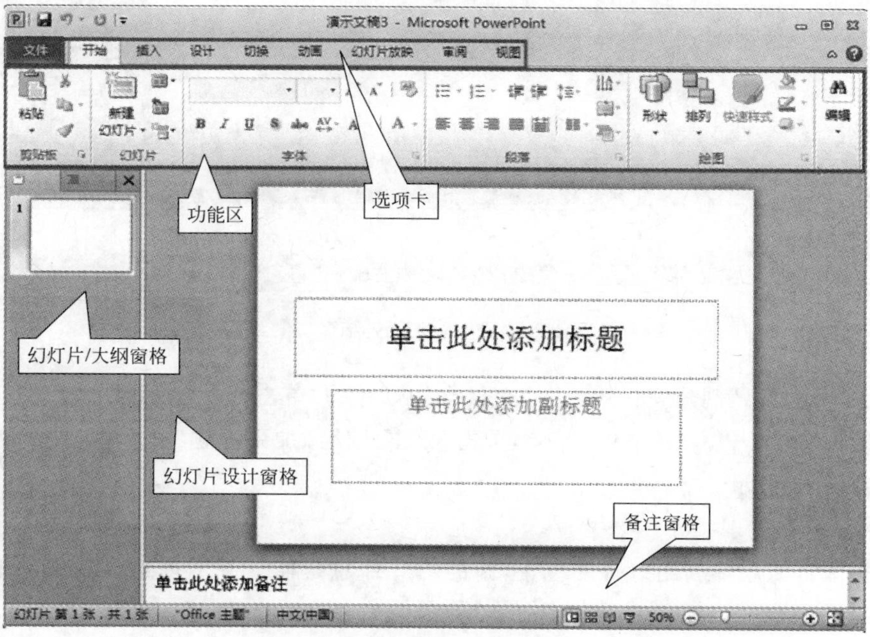

图 4-1　“Microsoft PowerPoint”主窗口

方法二：双击桌面上的 PowerPoint 2010 快捷图标。

方法三：右击桌面，在快捷菜单中选择“新建”→“Microsoft PowerPoint 演示文稿”。

(2) PowerPoint 2010 的退出。

方法一：单击标题栏最右端的“关闭”按钮。

方法二：双击标题栏最左端的控制菜单图标。

方法三：选择“文件”→“退出”选项。

2. 演示文稿的基本操作

(1) 新建演示文稿。

① PowerPoint 2010 的启动后会自动建立一个新的演示文稿。

② 或在 PowerPoint 的“文件”菜单上，单击“新建”选项，再选择“空白演示文稿”选项，会出现新创建的演示文稿窗口，如图 4-2 所示；或单击“快速访问工具栏”右下角“自定义快速访问工具栏”按钮，选择“新建”命令，以后就可以直接在快速访问工具栏单击“新建”按钮。

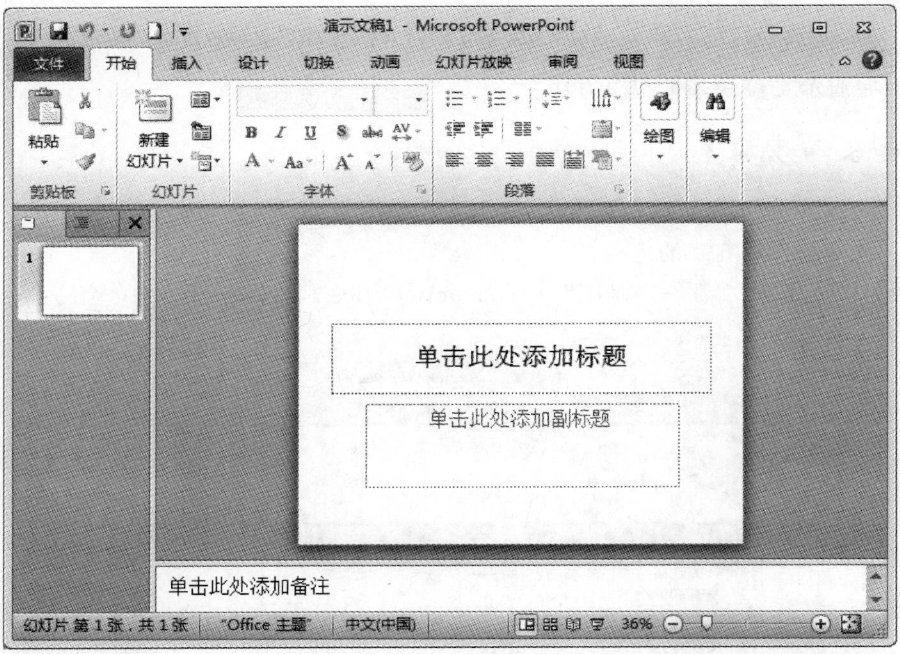

图 4-2 新建的演示文稿窗口

③ 在“演示文稿”创建窗口中，用户直接在幻灯片的“单击此处添加标题”中单击后输入文档的主题“第 4 章 PowerPoint 2010”，单击“单击此处添加副标题”文本框，按 Delete 键将其删除，如图 4-3 所示。

(2) 插入新幻灯片。

用户先选定要添加新幻灯片的位置，新的幻灯片总是插入到当前幻灯片的后面。添加新幻灯片的三种方法：

① 单击“开始”选项卡中的“新建幻灯片”按钮，系统会自动添加一张空白的幻灯片。

图 4-3　添加标题后的幻灯片

② 单击“新建幻灯片”按钮右下角的小三角按钮，打开版式列表选择一种版式，添加一张该版式的空白幻灯片。

③ 在普通视图的大纲或幻灯片窗格中，右击打开快捷菜单，选择“新建幻灯片”命令。

(3) 编辑幻灯片正文。

① 选定新插入的幻灯片。

② 单击幻灯片“单击此处添加标题”，输入文档的主题“第一节 PowerPoint 2010 的基本操作”。

③ 单击“单击此处添加文本”，正文占位符第一行显示第一级项目符号，在其后输入文字“创建新的幻灯片”，按 Enter 键确认。

④ 在第二行又生成一个第一级项目符号，输入文字“插入新的幻灯片”，按 Enter 键确认。

⑤ 重复上述步骤，依次输入文字“输入文字”、“设置超链接”。

编辑后的幻灯片如图 4-4 所示。

(4) 保存演示文稿。

① 打开“文件”菜单，选择“保存”或“另存为”命令，打开“保存”对话框。

② 在文件名的文本框中输入演示文稿文件名“第 4 章 PowerPoint 2010”。

③ 在保存位置的列表中指定演示文稿的保存目录。

④ 将保存类型选择默认的“PowerPoint 演示文稿”。

⑤ 单击“保存”按钮，保存演示文稿。

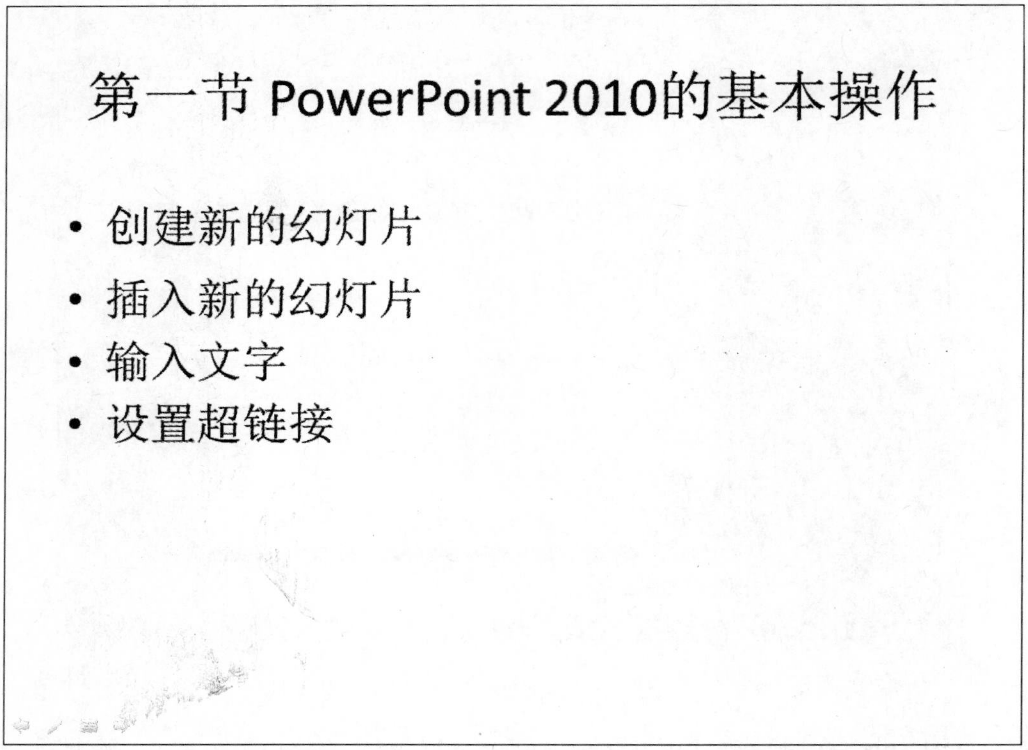
第一节 PowerPoint 2010的基本操作
• 创建新的幻灯片
• 插入新的幻灯片
• 输入文字
• 设置超链接

图 4-4　幻灯片编辑内容

(5) 关闭演示文稿。

① 单击窗口右上角的"关闭"按钮,或在打开的控制菜单中选择"关闭"命令。

② 也可以执行"文件"→"关闭"命令。

(6) 打开演示文稿文件。

① 执行"文件"→"打开"命令,系统弹出"打开"对话框。

② 在保存位置列表框中指定演示文稿的保存目录,选定文件。

③ 单击"打开"按钮。

3. 编辑演示文稿

(1) 幻灯片的选择练习。

① 选择"文件"→"新建"→"样本模板"→"培训",右击"默认节"选项,选择"删除所有节"命令。

② 执行"视图"→"幻灯片浏览视图"命令,切换到幻灯片浏览视图,在右下角拖曳滑块,将显示比例调整为 50%,如图 4-5 所示。

③ 练习选定连续的多张幻灯片(如 1～5 张,先选第 1 张,按住 Shift 键选第 5 张),不连续的多张幻灯片(如 1、3、5 张,按住 Ctrl 键依次单击 1、3、5 张),将所选幻灯片拖曳到末尾,如图 4-6 所示。

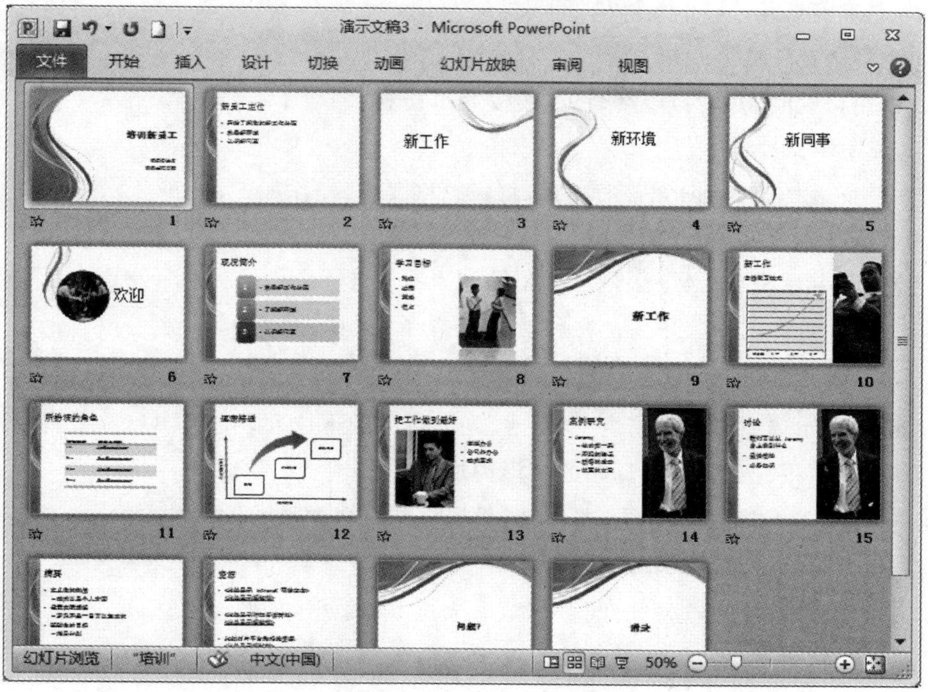

图 4-5 幻灯片浏览视图

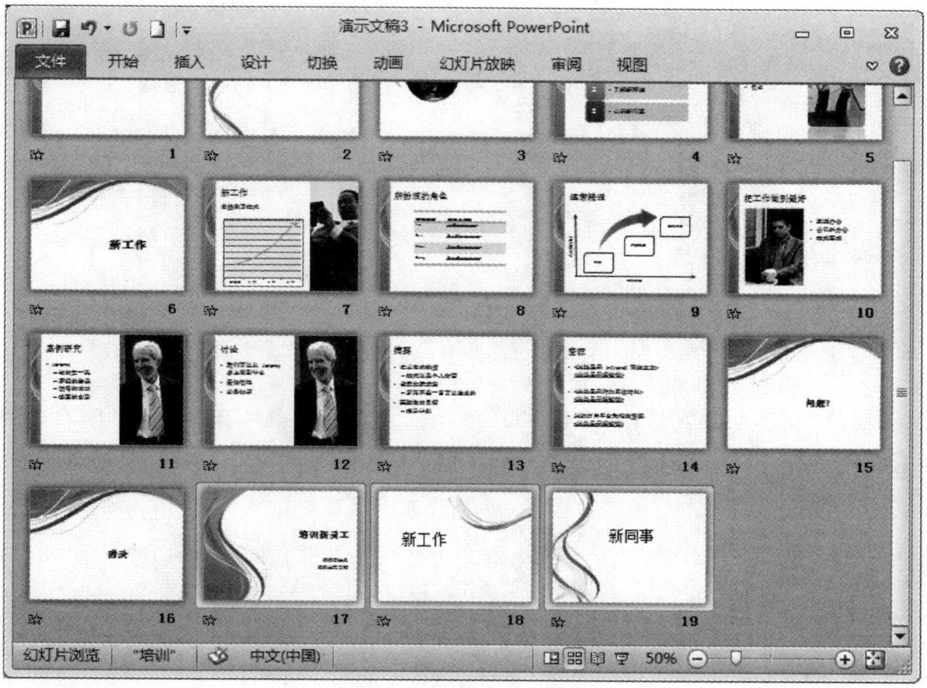

图 4-6 调整幻灯片的位置

(2) 删除幻灯片。

① 选中第2、4、6张幻灯片。

② 右击,选择“删除幻灯片”命令,或按Delete键。

(3) 文本格式化。

双击第1张幻灯片,回到普通视图,将标题格式化,操作如下:

① 选中标题文本框,方法如下:

- 按住Shift键,单击文本框。
- 当鼠标光标在文本框边框位置停留时,光标会变为黑色十字形,此时直接单击。
- 单击文本框内容,再单击边框。

② 单击开始选项卡“字体”组中“字号”列表框旁的下拉列表,打开列表,设置字号为48。

③ 单击“加粗”按钮,设置标题的字形为加粗。

④ 单击格式工具栏上的“居中”按钮,设置标题行居中显示。

(4) 添加幻灯片编号及日期。

① 执行“插入”→“日期和时间”命令,系统弹出对话框,如图4-7所示。

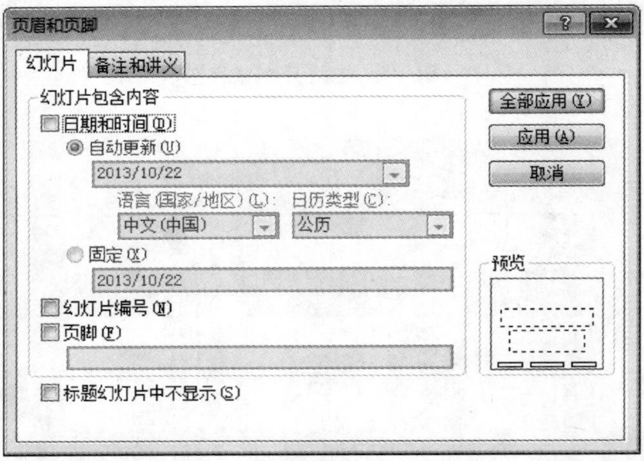

图4-7 “页眉和页脚”对话框

② 选择“日期和时间”及“幻灯片编号”复选框,单击“全部应用”按钮对所有幻灯片起作用;单击“应用”按钮对当前幻灯片起作用。

(5) 文本框的整体修饰。

双击第一张幻灯片的内容文本框,在自动弹出的“绘图工具”栏中,完成如下操作:

① 在“形状样式”中选择“蓝色”彩色填充。

② 在“形状效果”中选择第一种发光变体,如图4-8所示。

还可以尝试完成其他的格式设置,观察效果,并完成保存。

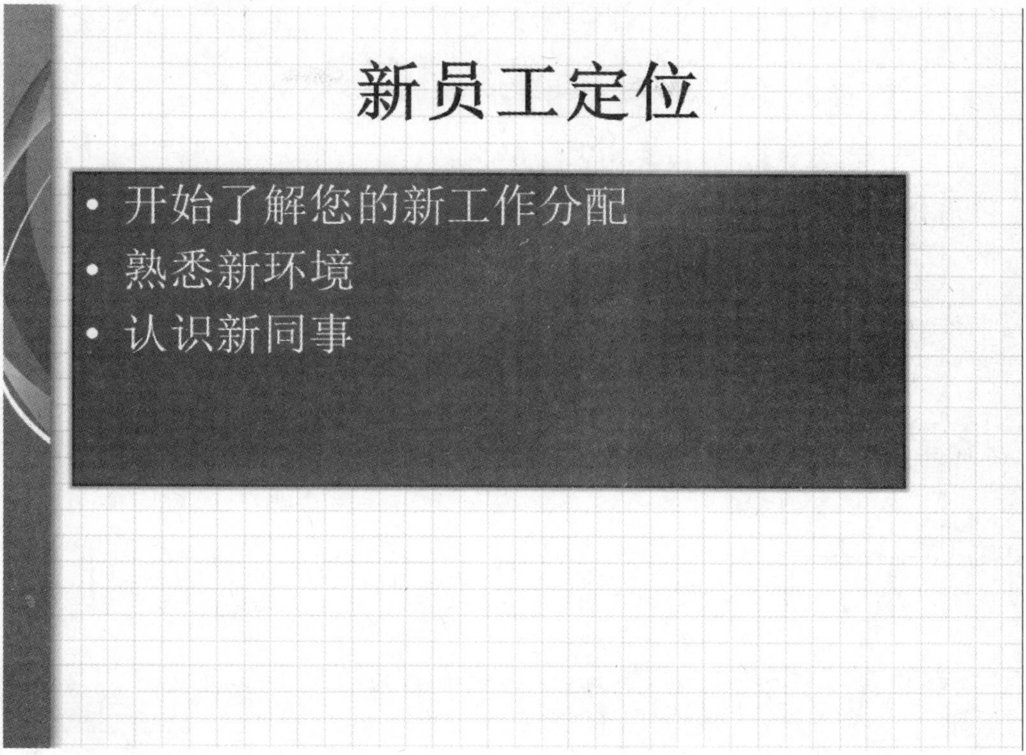

图 4-8　文本框的整体修饰

实验 4-2　幻灯片设计及对象的编辑

【实验目的和要求】

- 掌握幻灯片不同主题的应用与设置；
- 掌握幻灯片中插入对象的方法；
- 掌握对插入对象的编辑方法。

【实验内容和步骤】

1. 幻灯片版式设计

(1) 打开演示文稿“第 4 章 PowerPoint 2010”。

(2) 选定第三张幻灯片为当前幻灯片，输入文字如图 4-9 所示。

(3) 选择“开始”→“版式”右下角的选项，打开“幻灯片版式”列表。

(4) 在幻灯片版式列表中，选择幻灯片版式“标题和两栏文本”。

(5) 当前幻灯片的版式更换为所选定版式。

(6) 选定其他幻灯片，用同样的方法设置不同的幻灯片版式，如图 4-10 所示。

2. 幻灯片主题设计

(1) 选定第二张幻灯片为当前幻灯片。

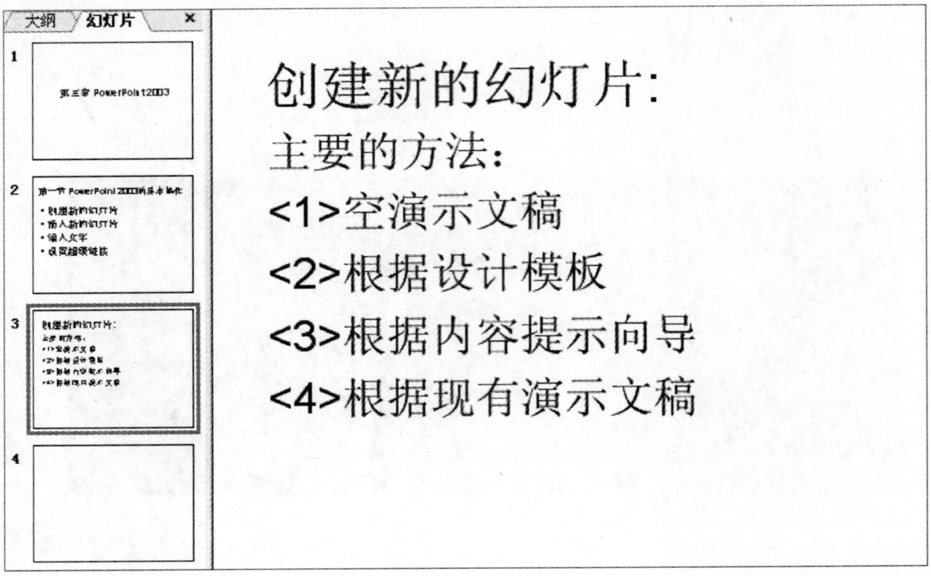

图 4-9　输入文字

图 4-10　设置版式

(2) 单击“设计”选项卡“主题”中的“波形”主题,即可完成单张幻灯片的主题设置,如果要进一步选择,可以右击相应主题,如图 4-11 所示。

(3) 选择第 4、第 5、第 6 张幻灯片，选择“设计”→“主题”中的“角度”主题。

(4) 选择其他不同的幻灯片，在主题窗格中选择其他主题，如图 4-12 所示。

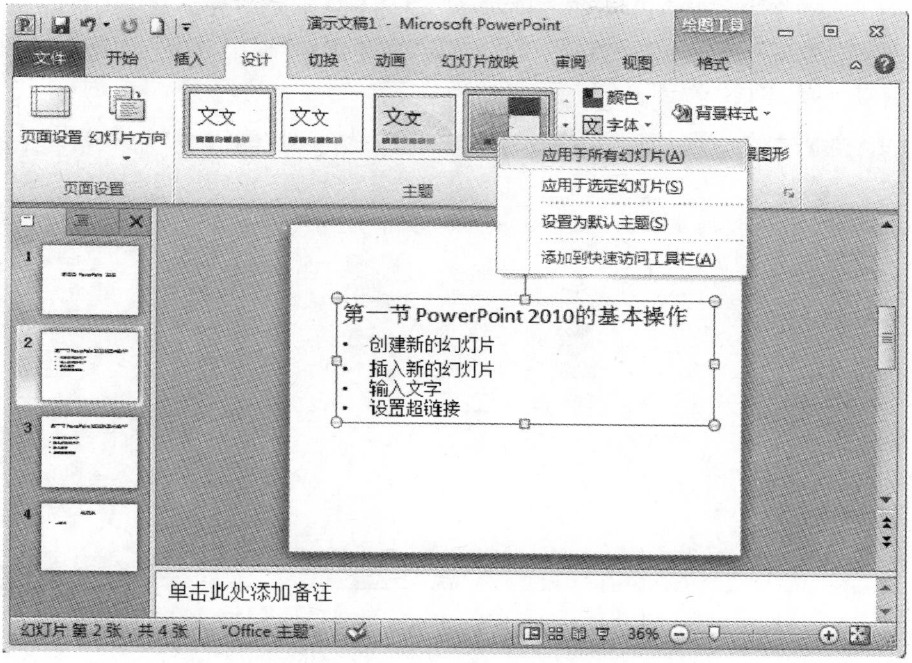

图 4-11 “应用主题”列表

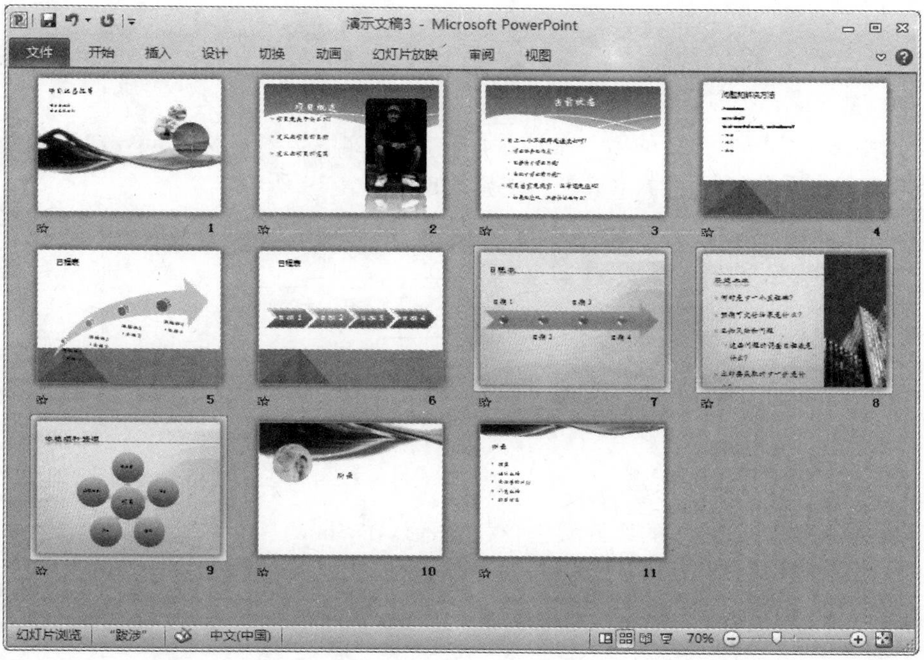

图 4-12 设置不同主题

3. 在幻灯片中插入对象

(1) 插入 SmartArt 图形。

① 打开幻灯片“第 4 章 PowerPoint 2010”，选定第 4 张幻灯片为当前幻灯片。

② 选择“插入”→SmartArt 选项，再选定其子菜单中的“层次结构”，如图 4-13 所示。选择一种结构布局，单击“确定”按钮。

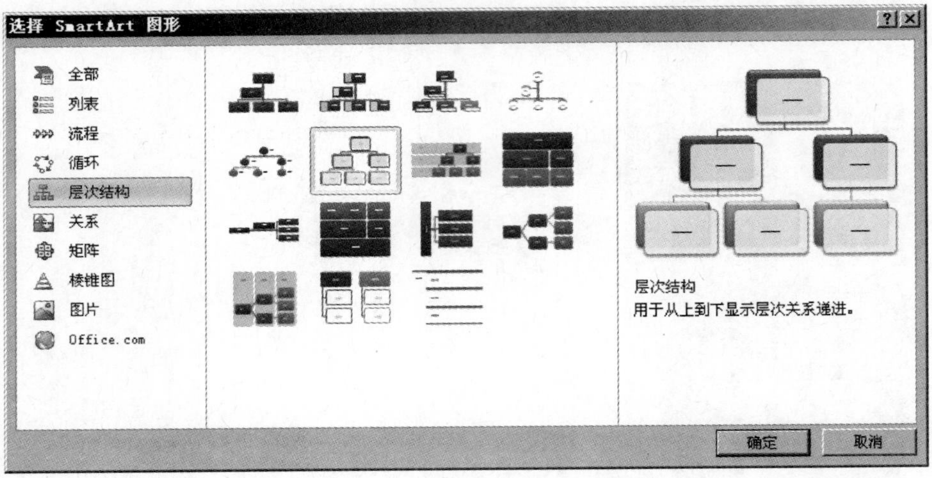

图 4-13 “选择 SmartArt 图形”对话框

③ 单击最上面的图框，输入文字 Office 2010。

④ 依次在第二行的两个图框中输入 Word 和 Excel，单击 SmartArt 工具栏中的“添加形状”，在同一层增加一个形状，输入 PowerPoint。

⑤ 选中 Word 图框下面的第一个形状，输入文字“荷塘月色”，选中第二个形状，按 Delete 键删除。

⑥ 选中 Excel 图框下面的第一个形状，单击输入文字“学生信息”，单击“添加形状”，在同一层增加一个形状，输入“学生成绩”，编辑完成如图 4-14 所示。

图 4-14 组织结构图

(2) 编辑 SmartArt 图形。

① 改变 SmartArt 图形的背景颜色，双击图形，在 SmartArt 工具栏中进行设置。

② 在“设计”选项卡中进行布局、样式和颜色的设置，在“格式”选项卡中进行形状样式和艺术字样式的填充、轮廓和效果的设置，如图 4-15 所示。

(3) 插入声音。

① 在 PowerPoint 中打开幻灯片“第 4 章 PowerPoint 2010”，选定第一张幻灯片为当前

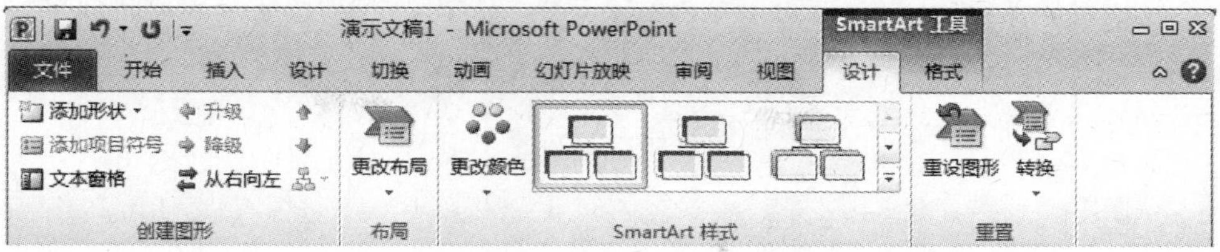

图 4-15 SmartArt 工具

幻灯片。

② 单击“插入”选项卡中“媒体”组中的“音频”菜单，选择“文件中的音频”命令，系统弹出“插入声音”对话框。

③ 选择要插入的声音文件“背景音乐 1. WMA”，单击“确定”按钮，此时幻灯片上出现一个“小喇叭”图标。

(4) 编辑声音对象。

如图 4-16 所示，在“音频工具”选项卡中进行声音的进一步编辑。

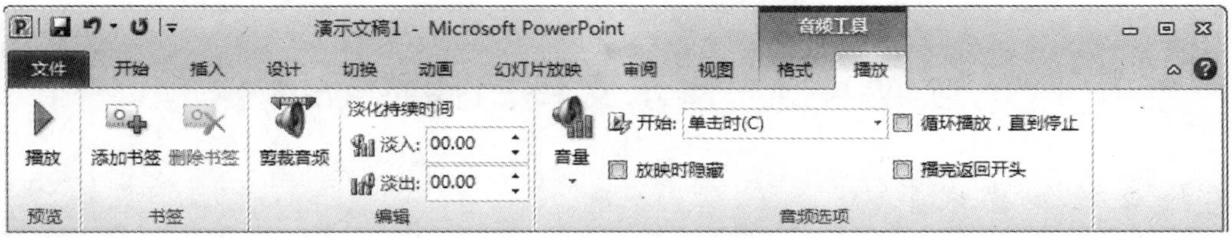

图 4-16 音频工具

① 选择“音频工具”→“播放”→“剪裁音频”，在出现的“剪裁音频”对话框中完成音频的剪裁，最后单击“确定”按钮，如图 4-17 所示。

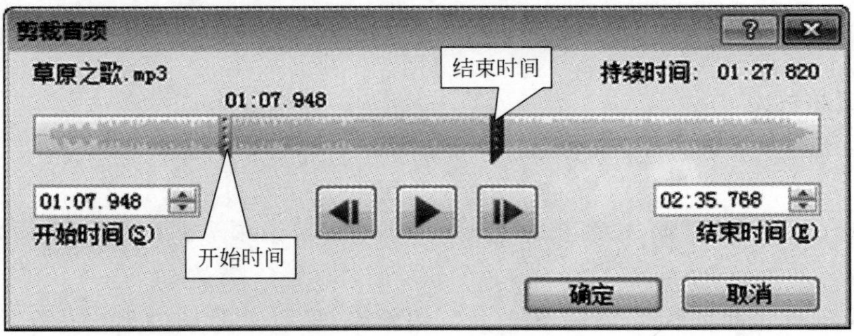

图 4-17 “剪裁音频”对话框

② 在“播放”功能区中还可以调整音频的淡化持续时间、音量、放映时的隐藏和循环设置等。

③ 在“动画”的“动画窗格”中，列出被编辑的声音对象，单击“背景音乐 1. WMA”旁边的下拉三角，选择“效果选项”命令，出现如图 4-18 所示的“播放音频”对话框，切换至“效果”选项卡，在“停止播放”选项中，单击第三项，输入幻灯片的页数数字 4，单击“确定”按钮。

④ 完成对象的编辑工作,就可以单击右下角的"幻灯片放映"按钮查看放映效果。

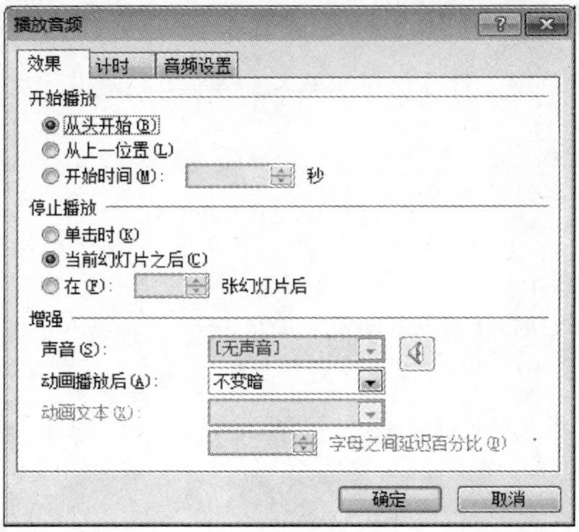

图 4-18 "播放音频"对话框

实验 4-3 演示文稿的播放效果

【实验目的和要求】

- 掌握幻灯片中超链接的设置;
- 掌握幻灯片的动画设置;
- 掌握动作按钮的设置方法;
- 掌握幻灯片的切换方法及放映时间的设置。

【实验内容和步骤】

1. 设置超链接

对第 2 张幻灯片的文字"超链接"设置超链接,使其链接到第 4 张幻灯片,具体步骤如下:

(1) 打开演示文稿"第 4 章 PowerPoint 2010",单击第 2 张幻灯片使其成为当前幻灯片;

(2) 选定文字"超链接" ,选择"插入"→"超链接"命令,出现如图 4-19 所示的"插入超链接"对话框。

(3) 在"链接到"选项中,单击选中"本文档中的位置",之后选中要链接的页面"幻灯片 4",在"幻灯片浏览"中显示设置超链接选中的文字内容。

(4) 单击"确定"按钮,设置好的超链接文字有下划线。

(5) 单击第 4 张幻灯片使其成为当前幻灯片。

(6) 选定文字"荷塘月色",执行"插入"→"超链接"命令,在弹出的"插入超链接"对话框中,在"链接到"选项中,单击选中"原有文件或网页",选择链接到的 Word 文档"荷塘月

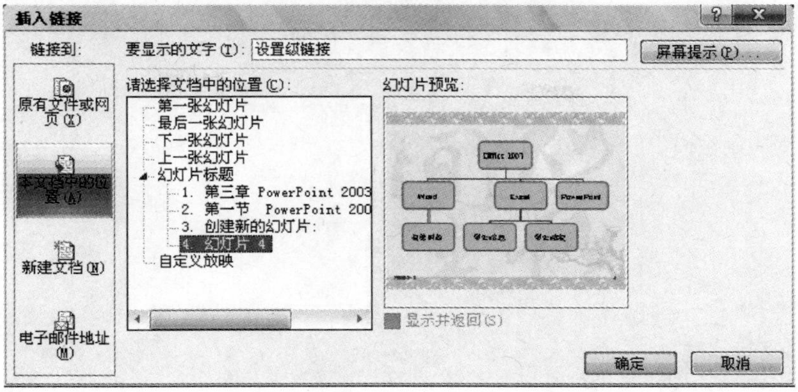

图 4-19 “插入超链接”对话框

色. doc”,单击“确定”按钮,如图 4-20 所示。

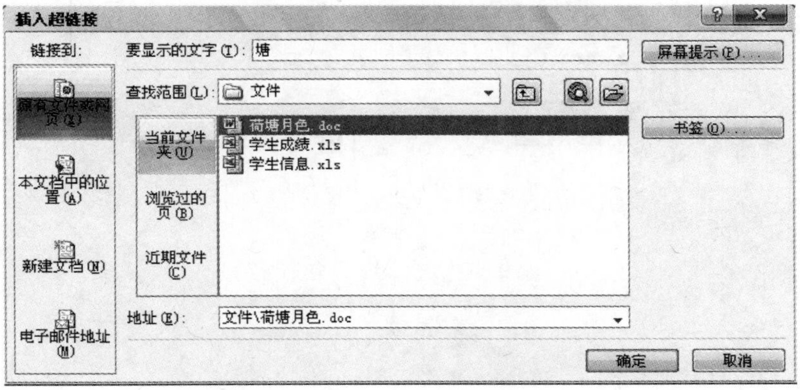

图 4-20 “插入超链接”对话框

(7) 用同样的方法,设置文字“学生信息”、“学生成绩”的超链接,分别链接到文件“学生信息. xls”、“学生成绩. xls”。

2. 设置动画效果

在幻灯片中为不同的对象设计动画效果。

具体操作如下:

(1) 单击第二张幻灯片,选中文字“第一节 PowerPoint 2010 的基本操作”。

(2) 选择“动画”→“飞入”命令,设置“效果选项”为“自左上部”,“持续时间”设置为0.75 秒。

(3) 选中文字“创建新的幻灯片”,单击“添加动画”按钮,将弹出一个“动画效果列表”,如图 4-21 所示。

(4) 选择“随机线条”动画效果,在“动画”工具栏中设置为“垂直线条”,持续时间设置为 1 秒。

(5) 依据上述步骤,设置第 2 张幻灯片剩余的文字内容,每一行文字为一种动画设置。设置好动画的对象,会在任务窗格中依次出现,如图 4-22 所示。

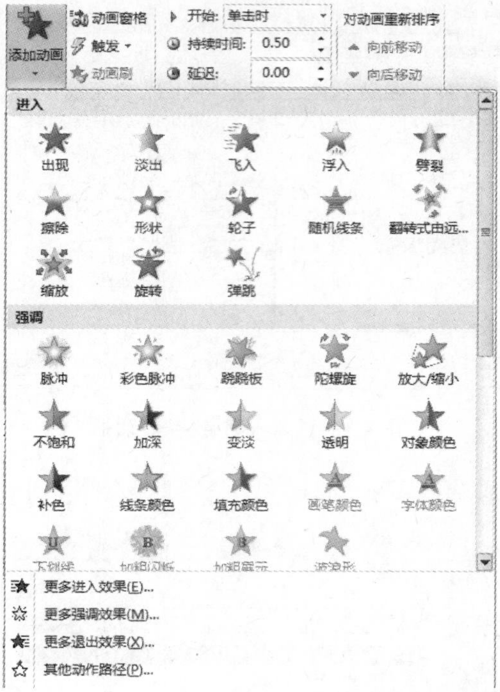

图 4-21　动画效果列表

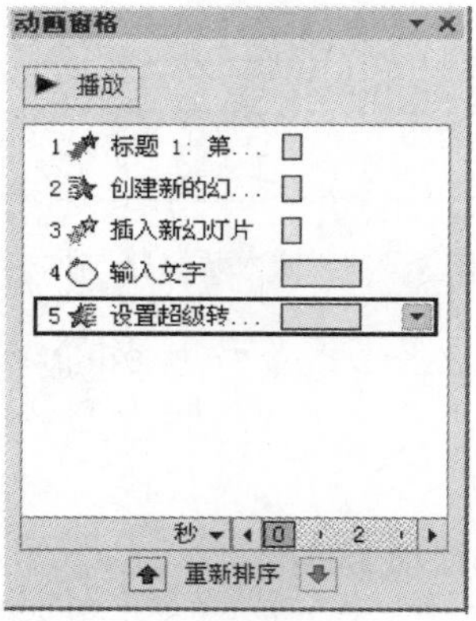

图 4-22　动画窗格

(6) 如果需要重新调整某个对象的出现次序,可以选定该对象的动画项,然后通过上移和下移按钮实现,或直接拖曳到所需位置。

如果需要修改某个对象的动画效果,可在动画窗格中右击,在弹出的快捷菜单中选择"删除"命令后,重新设置。

(7) 设置好之后,可以单击"预览"按钮来查看放映效果。

3. 动作按钮的设置

(1) 单击第一张幻灯片使其成为当前幻灯片。

(2) 选择"插入"→"插图"组→"形状"按钮，或选择"开始"→"绘图"组→"形状"按钮，在"形状"列表中最后一组是"动作按钮"组。

(3) 单击某一动作按钮此时鼠标光标变为十字形，在幻灯片的相应位置上做拖曳或单击，在出现动作按钮的同时会弹出如图 4-23 所示的"动作设置"对话框。

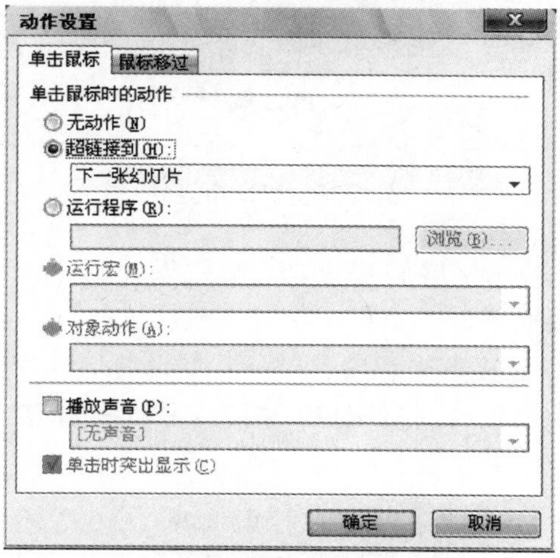

图 4-23 "动作设置"对话框

(4) 在对话框中，切换至"单击鼠标"选项卡，单击"超链接到"单选按钮，在下拉列表框中，选择"下一张幻灯片"选项，然后单击"确定"按钮。

(5) 重复步骤(2)～(4)，添加"后退或选前一项"动作按钮。在弹出的对话框的"超链接到"下拉列表中，选择"上一张幻灯片"选项，单击"确定"按钮。

(6) 重复上述操作，设置第 2 和第 3 张幻灯片的动作按钮。

4. 幻灯片的切换

设置幻灯片的切换方式，操作如下：

(1) 打开演示文稿，选定第 2 张幻灯片为当前幻灯片。

(2) 选择"切换"选项卡，选择一种切换效果。

(3) 如果对所有幻灯片添加同一种切换效果，设置完成后单击"全部应用"按钮即可。若要选择更多的切换效果，也可以拉开效果列表从中选择，如图 4-24 所示。

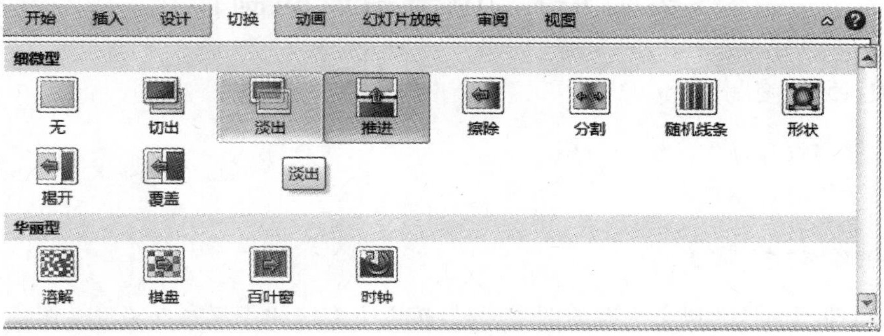

图 4-24 幻灯片切换列表

(4) 在“切换”功能区中修改幻灯片的切换效果,选择幻灯片切换的速度为01.00,在“声音”下拉列表中选择切换时的声音。在“换片方式”选项组中,选中“单击鼠标时”复选框,设置如图4-25所示。

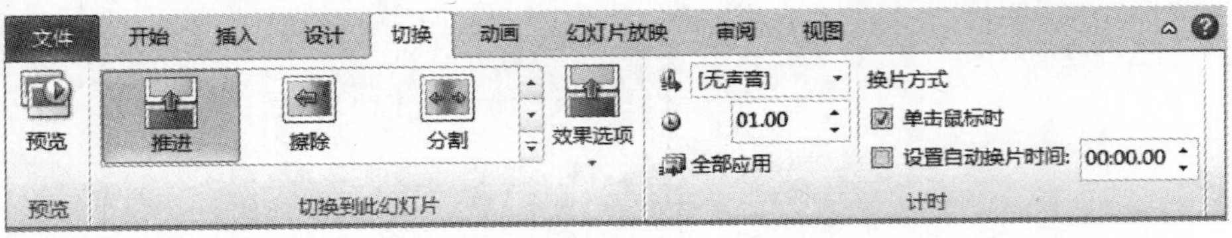

图4-25 切换功能区

(5) 单击“预览”按钮,在预览窗口中查看切换效果。

5. 设置幻灯片的放映时间

完成幻灯片的基本编辑,接下来利用“排练计时”设置幻灯片的放映时间。

(1) 单击“幻灯片放映”,选择“排练计时”按钮,可切换到幻灯片放映视图,在屏幕左上角出现如图4-26所示的“预演”工具栏。

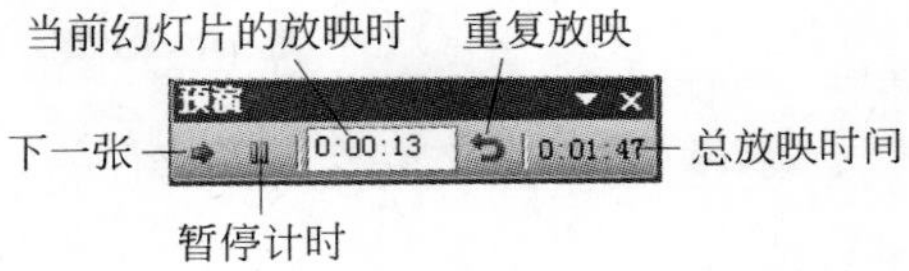

图4-26 “预演”工具栏

(2) 利用当前幻灯片进行放映演练,每张幻灯片都会单独计时。

(3) 放映结束后,系统弹出如图4-27对话框。

图4-27 确认对话框

实验4-4 电子相册的制作

【实验目的和要求】

- 掌握幻灯片操作的综合应用;
- 电子相册的制作。

【实验内容和步骤】

根据所使用的计算机上现有的图片素材,按以下方法和步骤完成实验操作。

1. 创建电子相册

(1) 启动 PowerPoint 2010,新建演示文稿,命名为“电子相册”。

(2) 执行“插入”→“图片”→“相册”命令,打开“相册”对话框,如图 4-28 所示。

图 4-28 “相册”对话框

(3) 选择相片的来源,如果事先已经将相片存入计算机中,就在此单击“文件/磁盘”按钮。

(4) 在弹出的“插入新图片”对话框中选中或鼠标拖曳要插入到相册中的图片文件,然后单击“插入”按钮,即可完成导入操作。

(5) 单击“图片版式”下拉列表框,选择版式为“2 张图片”,将“相框形状”设置为“圆角矩形”。

(6) 单击“创建”按钮。

2. 设置幻灯片版式

(1) 系统自动创建了相册封面,单击文本框编辑文字,可自行设定。

(2) 选择“设计”,在主题中选定一种主题,右击,在弹出的快捷菜单中选择“应用于所有幻灯片”命令。

3. 制作图片相框

为图片制作边框,具体操作如下:

(1) 单击第一张幻灯片,使其成为当前幻灯片。

(2) 双击第一张图片,在自动出现的“图片工具”功能区中设置图片边框和图片效果,将图片边框设置为“深红色”,粗细选择为“4.5 磅”,图片效果设置为最粗的“红色发光”。

(3) 按照同样的操作方法为其他图片设置不一样的图片边框,也可以利用格式刷,将其他图片的格式设置为第一张图片的边框格式。

(4) 调整图片大小和位置,在调整组中设置图片颜色和艺术效果等。

4. 设置动画

(1) 单击选中图片,选择“动画”选项卡。

(2) 单击“添加动画”按钮,选择“盒状”动画效果,更改方向及速度设置。

(3) 选中第2张图片,打开动画效果列表,选择“更多进入效果”,如图4-29所示。

(4) 选择“温和型”中的“回旋”,选择“动画窗格”,单击对象右侧的小三角,选择“效果选项”。单击“计时”标签,将“延迟”时间设置为“0.5”,期间设为“中速”,单击“确定”按钮,如图4-30所示。

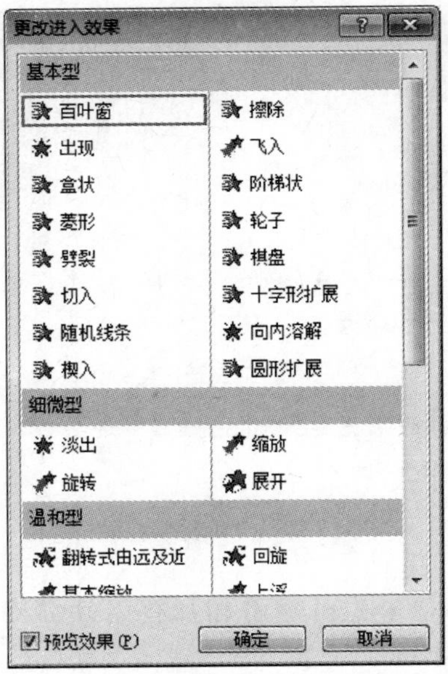

图4-29 “更多进入效果”对话框

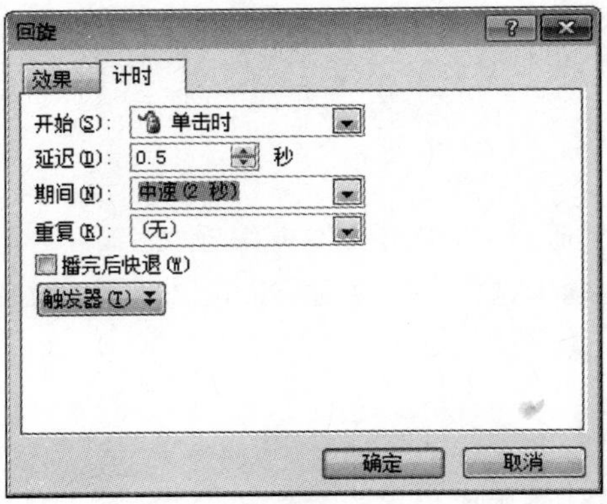

图4-30 “回旋”对话框

(5) 重复上述步骤,设置其余图片不同的动画效果。

5. 设置自动播放

(1) 选择“切换”选项卡,选择换片方式为“立方体”,持续时间改为1.00,在计时组中,去掉“单击鼠标时”前的对钩,设置自动换片时间为1秒钟;

(2) 单击“应用于所有幻灯片”按钮。

(3) 按 F5 键，查看播放效果，此时的幻灯片放映无须单击进行切换，将会以 1 秒钟为时间间隔进行自动切换。

实验 4-5　母版的编辑与设计

【实验目的和要求】

- 掌握母版的类型；
- 掌握母版的编辑与设计。

【实验内容和步骤】

幻灯片母版是用于存储包括字形、占位符大小和位置、背景设计和配色方案等元素的模板。只要在母版中更改了样式，则对应的幻灯片中相应位置的格式也随之变化，因此在制作好的幻灯片母版基础上可以快速制作出多张同样风格的幻灯片。

PowerPoint 2010 中有三种母版，分别是幻灯片母版、讲义母版和备注母版，分别用于控制演示文稿的幻灯片、讲义页和备注页的格式。设置母版可以在创建演示文稿前进行，也可以在将所有幻灯片的内容和动画都设置完成后再进行。

根据所使用的计算机上现有的素材，按以下方法和步骤完成实验操作。

1. 编辑与设计幻灯片母版

执行"视图"→"幻灯片母版"命令后，会出现当前使用的幻灯片母版，如图 4-31 所示。在母版中包含了多种不同作用和层次级别的元素，如版式的标题区、文本区、页脚区和日期区等。

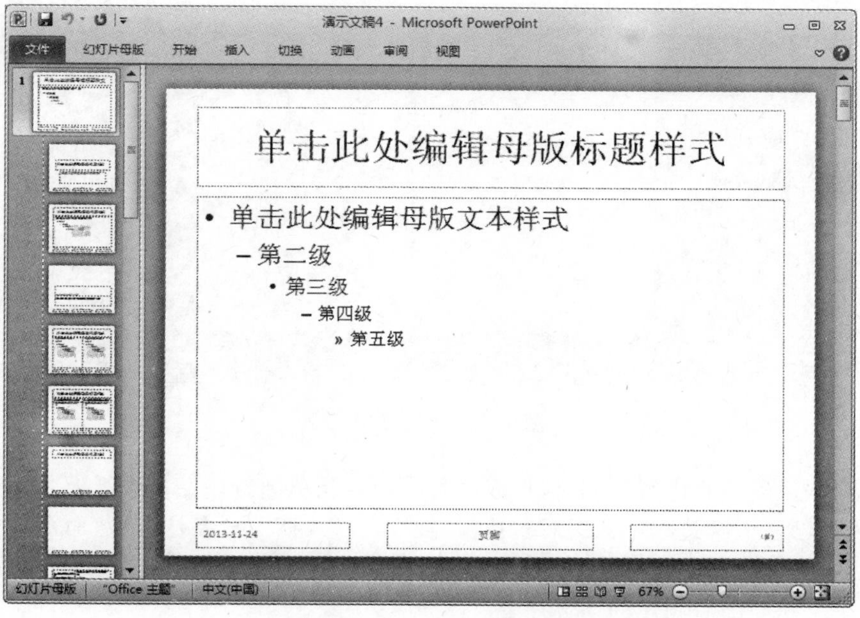

图 4-31　幻灯片母版视图

在幻灯片母版中,用户可以像更改任何幻灯片一样更改格式。例如,可以根据需要或习惯来修改字体、修改不同编辑区的大小和位置、修改项目符号等。但是,在母版上显示的文本只用于样式,实际的文本内容(如标题和列表)应在普通视图的幻灯片上输入,而页眉和页脚应在"页眉和页脚"对话框中输入。

如果用户母版中的某些内容进行了修改,则随后添加的幻灯片都会体现出所修改的效果。完成了幻灯片母版的设置后,如果还希望演示文稿中某一张幻灯片的样式与幻灯片母版不同,那么可以单独对该幻灯片进行设置。

2. 编辑与设计讲义母版和备注母版

选择"视图"→"讲义母版"命令,系统打开讲义母版。默认情况下,讲义母版的格式是在一张纸上打印 6 页幻灯片,而在讲义文稿的上下两侧分别为页眉区、日期区、页脚区和数字区,如图 4-32 所示。如果需要对当前格式作修改,可以利用"讲义母版"功能区中修改页面设置、讲义方向、幻灯片方向和每页的幻灯片数量等,也可以直接修改页眉、日期等区域的占位符。

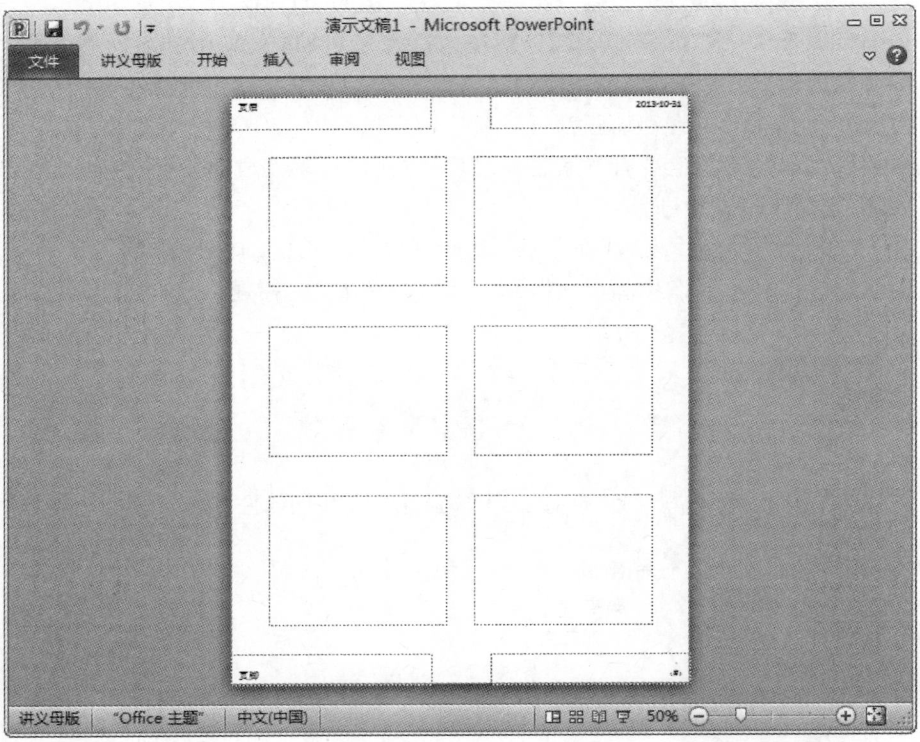

图 4-32　讲义母版视图

当用户利用幻灯片进行讲解时,可以将每张幻灯片单独打印在一张纸上,即所谓的备注页,以作为自己在讲解过程中的提示。执行"视图"→"母版"→"备注母版"命令,系统将打开备注母版的格式,如图 4-33 所示。通过对备注母版的设置和修改,用户可以直接将设置和修改的结果反映在随后制作的幻灯片上。

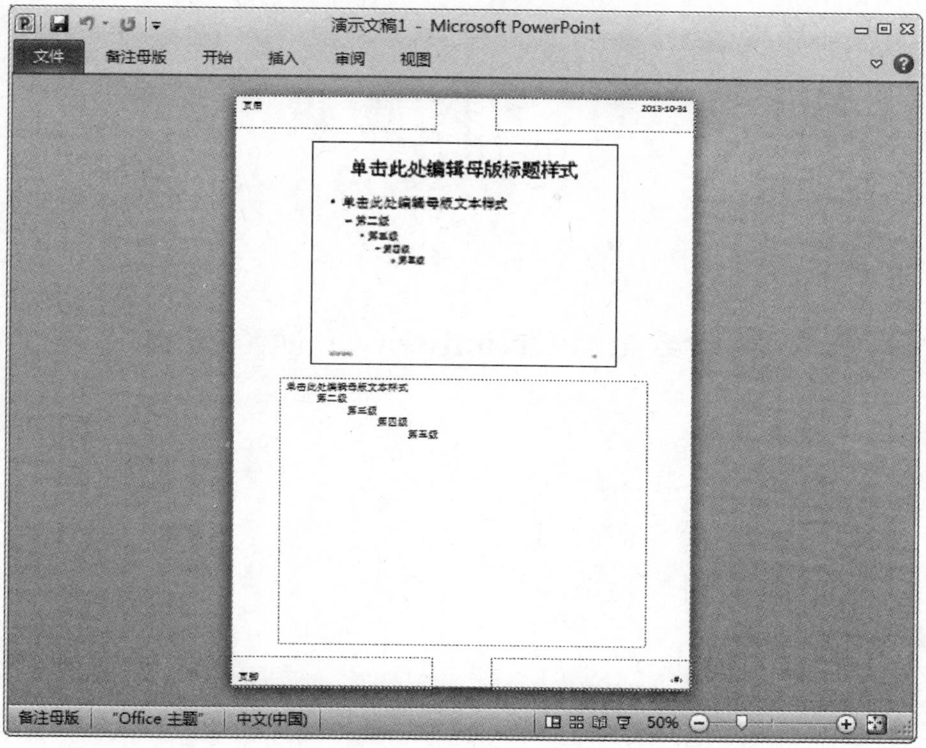
演示文稿1 - Microsoft PowerPoint
文件
备注母版
开始
插入
审阅
视图
页眉
2013-10-31
单击此处编辑母版标题样式
单击此处编辑母版文本样式
第二级
第三级
第四级
第五级
页脚
备注母版
"Office 主题"
中文(中国)
50%

图 4-33　备注母版视图

第 5 章　网 页 设 计

实验 5-1　Dreamweaver MX 2004

【实验目的和要求】

- 掌握 Dreamweaver 的启动；
- 了解 Dreamweaver 的基本知识；
- 掌握使用 Dreamweaver 制作简单网页的过程。

【实验内容和步骤】

1. Dreamweaver MX 2004 的启动

执行“开始”→“所有程序”→Macromedia→Dreamweaver MX 2004 命令，启动 Dreamweaver MX 2004。与普通的 Windows 窗口类似，Dreamweaver MX 2004 的窗口也由标题栏、菜单栏、工具栏、编辑区、状态栏、任务窗格等部分组成，如图 5-1 所示。

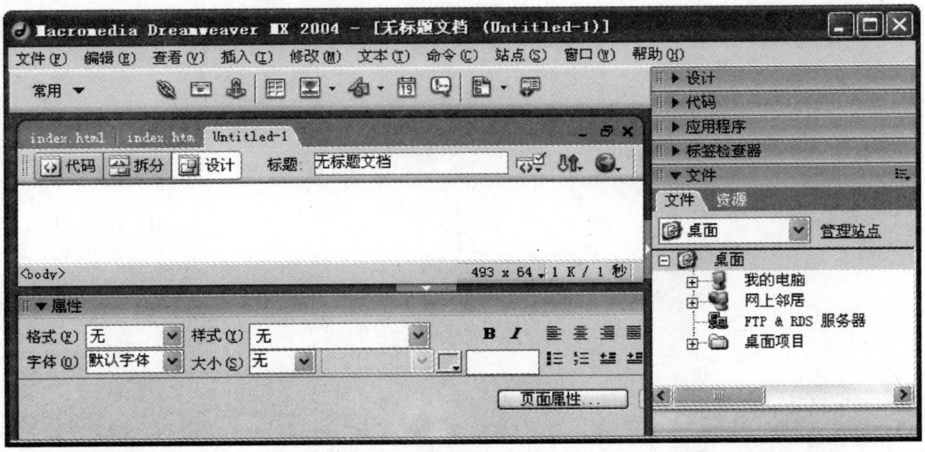

图 5-1　Dreamweaver 主界面

2. 创建新空白网页

创建空白网页具体操作步骤如下：

(1) 执行“文件”→“新建”命令，然后在“新建文档”对话框中选择“基本页”，再单击“创建”按钮，这时文档窗口中会新增加一个名为 Untitled-1. htm 的文件。

(2) 执行“文件”→“另存为”命令，弹出“另存为”对话框，选择路径，在“文件名”文本框中输入 index，“保存类型”为“HTML 文档”。

(3) 单击“保存”按钮后，窗口如图 5-2 所示。

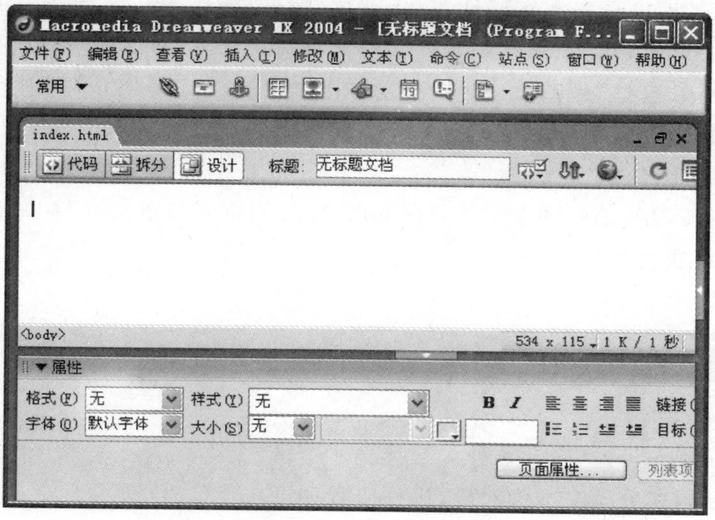

图 5-2　空白网页

3. 页面属性的设置

页面属性的设置步骤如下：

(1) 在属性面板上单击“页面属性”按钮，弹出“页面属性”对话框，如图 5-3 所示。

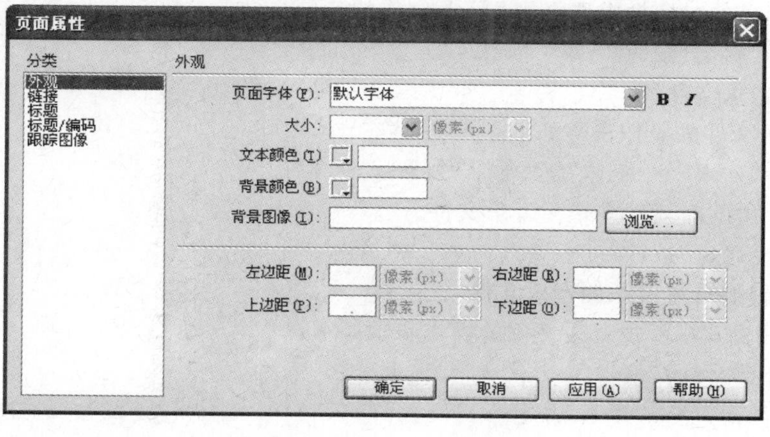

图 5-3　“页面属性”对话框

(2) 单击“标题/编码”选项，在“标题”文本框中输入网页标题 index，单击“确定”按钮。

(3) 单击“外观”选项，再单击“背景颜色”右边的“”图标设置网页背景色。

(4) 设置页面大小和位置，包括页面距屏幕左边界的距离、页面距屏幕上边界的距离、边缘宽度、边缘高度。

4. 文本编辑

(1) 输入文本。

在设计视图下可直接输入文本,也可把用其他文字处理软件制作的文字直接粘贴过来。

(2) 通过属性面板设置文字属性,包括字体、属性、颜色等。在属性面板上的“对齐”属性中选择对齐方式,在“大小”属性中选择字的大小,在“文本颜色”属性中选择文本颜色。从“字体”下拉列表中选择“编辑字体列表”,弹出对话框,从“可用字体”中选择字体,单击“ « ”按钮,再单击“确定”按钮。

5. 插入图像(图片)

目前网页上可以使用的图像文件格式包括 JPG、JPEG、GIF 和 PNG,BMP 格式的位图占空间太大,因此很少使用。

操作步骤如下:

(1) 执行“插入”→“图像”命令。

(2) 在文件夹中找到图像文件。

(3) 单击“确定”按钮。

6. 添加水平线

水平线可以用来分隔文本和对象,操作步骤如下:

(1) 执行“插入”→HTML→“水平线”命令,即可为网页添加水平线。

(2) 在文档窗口选中该水平线,在属性面板中改变水平线属性。

7. 插入 Flash 动画文件

插入 Flash 动画文件的操作步骤如下:

(1) 执行“插入”→“媒体”→“Flash”命令。

(2) 在弹出的对话框中选择用 Flash 制作的动画文件。

(3) 单击“确定”按钮。

8. 插入音乐文件

插入音乐文件的操作步骤如下:

(1) 执行“插入”→“媒体”→“插件”命令。

(2) 在弹出的对话框中选择音乐文件。

(3) 单击“确定”按钮。

9. 在代码编辑窗口添加音乐文件

在代码编辑窗口添加音乐文件的操作步骤如下:

(1) 切换到“代码”编辑窗口。

(2) 执行“窗口”→“参考”命令。

(3) 在弹出的“代码片段”对话框的“书籍”对话框中选择 O'REILLY HTML REFERENCE 选项,在“标签”对话框中选择 BGSOUND 选项。

(4) 在代码编辑窗口 BODY 的下一行输入“＜ BG SOUND SRC＝' ' LOOP＝'3' VOLUME＝'－300' ＞”。

注意:“SRC＝' '”单引号中要选择目标音乐文件。

10. 滚动公告板的制作

滚动公告板的制作具体操作步骤如下:

(1) 选定要滚动的内容。

(2) 切换到“代码”编辑窗口。

(3) 输入如下代码。

```
<td>
<marquee   direction = up   height = 60   Width = 130   Onmouseout = this.start()
onmouseover = this.stop()   Scrollamount = 1   scrolldelay = 60   ></marquee>   <td>
```

11. 建立超链接

建立超链接的具体操作步骤如下：

(1) 选择要建立超链接的元素。

(2) 执行“插入”→“超链接”命令，或右击，打开快捷菜单，选择“创建链接”命令，然后选择目标地址的元素。

(3) 单击“确定”按钮。

链接文件如果是网页文件，浏览器就会打开该网页并进行显示；如果是浏览器本身不能显示的文件，则会弹出提示框让用户决定是否进行下载，然后把提供下载的文件压缩成文件包，放到网上就行了。访问者如需下载，只需单击该压缩包的网址就可以下载了。

在打开的对话框中设置打开方式：

_blank：表示另外打开一个窗口，用新窗口显示该链接网页。

_self：在本窗口中打开链接页面。

_parent：在父窗口中打开链接页面，主要用于框架结构的页面。

_top：整个浏览器窗口，主要用于框架结构的页面。

12. 表格的创建

Dreamweaver 提供了诸如表格、框架、图层，以及版面规划(Layout)等网页定位技术，将数据、文本、图片、表单等元素有序地排列在页面上。

创建表格的具体操作步骤如下：

(1) 执行“插入”→“表格”命令，弹出“表格”对话框，如图 5-4 所示。

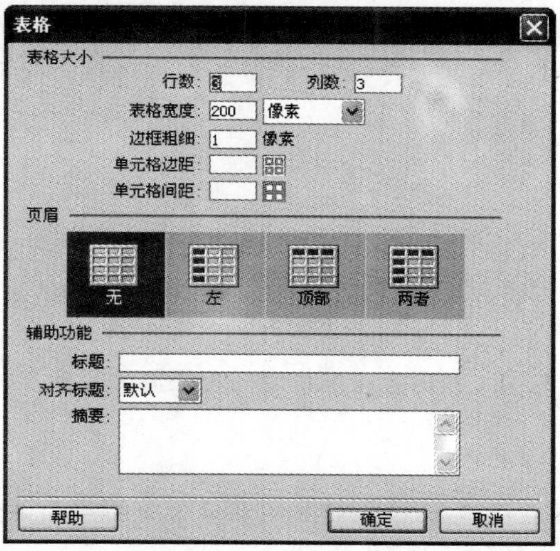

图 5-4 “表格”对话框

(2) 在对话框中设置表格属性。

(3) 单击“确定”按钮即可创建一个表格。

创建表格时,如果开始不能确定它的属性,可以使用默认值,然后再通过属性面板进行修改。

13. 用表格进行网页定位

用表格进行网页定位是通过将网页内容分成若干个区域,然后将相应的内容分别填入不同的表格,从而做成非常规范与专业的网页。

根据目前的素材,按上面的方法和步骤制作网页。

实验 5-2 Flash 动画制作

【实验目的和要求】

- 熟悉 Flash 的操作环境;
- 掌握 Flash 的基本操作;
- 创建简单的 Flash 动画。

【实验内容和步骤】

1. Flash 的启动与关闭

(1) 执行“开始”→“所有程序”→Micromedia →Micromedia Flash MX 2004 命令,启动应用程序。

(2) 在“创建新项目”中单击“Flash 文档”,打开主界面,如图 5-5 所示。

(3) 单击“文件”菜单中的“退出”命令,关闭 Flash 程序。

2. Flash 的基本组成

(1) 标题栏、菜单栏、常用工具栏和编辑栏。

① 窗口最上面是标题栏,Flash 自动给了影片一个名称“未命名-1”,在“保存”文件时要改为一个有意义的文件名称。

② 菜单栏包括“文件”、“编辑”、“查看”、“插入”、“修改”、“文本”、“命令”、“控制”、“窗口”和“帮助”。

③ 常用工具栏中用图标表示最常用的菜单命令。

(2) 舞台。

舞台是放置图形内容的矩形区域,Flash 可编辑的图形内容包括矢量图、文本框、按钮、导入的位图图形或视频剪辑等。用户可在工作时放大和缩小舞台。

(3) 时间轴。

时间轴用于组织和控制文档内容在一定时间内播放的层数和帧数。时间轴的主要组件是层、帧和播放头。

(4) 帧和关键帧。

① 播放头在时间轴上移动,指示当前显示在舞台中的帧。要在舞台上显示帧,可以将播放头移动到时间轴中该帧的位置。

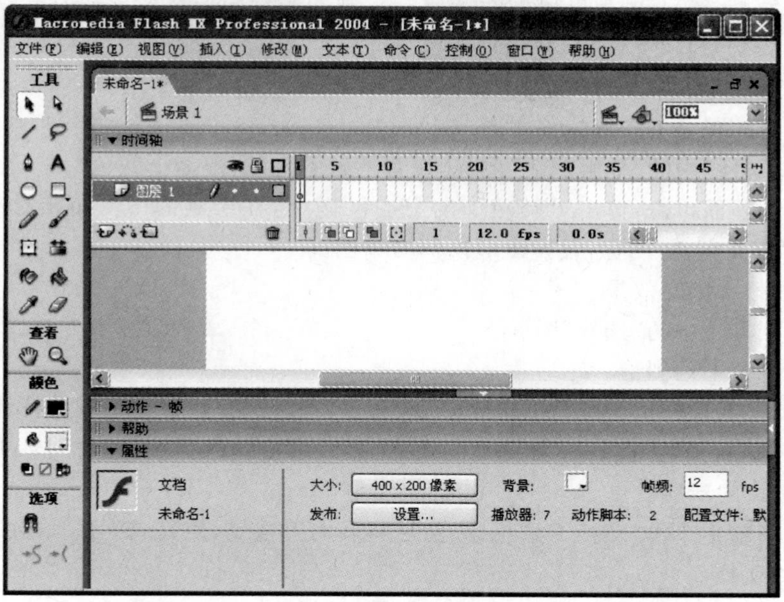

图 5-5　主窗口

② 关键帧是指在动画中定义的更改所在的帧，或包含修改文档的帧动作的帧。Flash 可以在关键帧之间补间或填充帧，从而生成流畅的动画。

3. Flash 动画基本操作

(1) 创建新文档。

① 执行"文件"→"新建"命令，弹出"新建文档"对话框。

② 在"常规"选项卡中选择"Flash 文档"。

③ 单击"确定"按钮，创建一个新 Flash 文档。

④ 在"属性"中设置属性，如每秒帧数播放速度，以及舞台大小和背景色。

⑤ 执行"文件"→"另存为"命令，弹出"另存为"对话框。

⑥ 选择保存路径，输入文件名，保存为 fla 文件。

(2) 添加文字。

操作步骤如下：

① 双击时间轴中"层 1"名称，将层名改为自己命名的名字。

② 单击工具箱中的文本图标，光标变成"十"字形。

③ 光标移到舞台中要输入文字的位置，按住左键拖曳鼠标，在显示的文本框中输入要输入的文字。

④ 选定要设置属性的文字，在"属性"中设置文字属性，包括字体、磅值和字体颜色等。

⑤ 单击工具箱中的"选择"图标，再单击文字，然后按下左键移动文字，可改变文字的位置。

(3) 添加矢量图。

① 单击图层面板上的"添加"图标，新添加一个图层。

② 单击工具箱中某一绘图图标，光标变为"十"字形。

③ 在舞台上按住左键拖曳鼠标绘制图。绘制的图分为两部分：称为笔触的外部线条(描绘形状的轮廓)和填充(对形状内部着色)。

④ 单击工具箱中的“选择”图标。

⑤ 在绘制的图上单击选中该图形。

⑥ 单击“属性”中的“笔触颜色”图标，设置笔触颜色(图形边框颜色)。

⑦ 在图形外面单击，单击工具箱中的“选择”图标，在绘制的图上单击选中图形，单击“属性”中的“填充颜色”图标，设置图形内部的颜色。

(4) 添加特殊动态效果。

① 单击工具箱中的“选择”图标。

② 单击舞台上的图形。

③ 执行“插入”→“时间轴特效”→“转换”命令，在“转换”对话框中设置特殊动态效果。

④ 单击“更新预览”以查看新设置的效果，然后单击“确定”按钮，时间轴中就会出现一个名为“转换 1”的新层。

⑤ 在时间轴中单击“转换 1”层标题，然后将其向上拖曳，使其成为最顶层。

(5) 预览文档。

① 执行“控制”→“测试影片”命令，然后观看效果。

② 单击关闭按钮关闭。

(6) 导出 Flash 文档。

① 执行“文件”→“导出”→“导出影片”命令。

② 选择保存路径，输入文件名，选择文件类型 SWF。

4. 创建动画

(1) 制作如图 5-6 所示的变形文字。

图 5-6　变形文字

具体操作步骤如下：

① 执行“文件”→“新建”命令。

② 执行“修改”→“文档”命令，设置背景颜色。

③ 单击文本工具图标，输入“多媒体技术”，然后设置字体、字型、字号、颜色。

④ 单击任意变形工具图标，再单击文字，移动鼠标进行变形。

(2) 制作如图 5-7 所示的空心文字。

图 5-7　空心文字

具体操作步骤如下：

① 执行“文件”→“新建”命令。

② 执行“修改”→“文档”命令,设置背景颜色。

③ 单击文本工具图标,输入“多媒体技术”,然后设置字体、字型、字号、颜色。

④ 执行两次:“修改”→“分离”命令(将文字分离成矢量图)。

⑤ 用“墨水瓶工具”设置文字的边框颜色(颜色选定后要单击每一个文字),用“颜料桶工具”设置文字的内部颜色(和背景颜色一样,颜色选定后,再单击任意选择工具,单击文字)。

(3) 制作如图 5-8 所示的彩图文字(用外部的图片填充文字)。

图 5-8 彩图文字

具体操作步骤如下:

① 执行“文件”→“新建”命令。

② 执行“修改”→“文档”命令,设置背景颜色。

③ 单击文本工具图标,输入“多媒体技术”,然后设置字体、字型、字号、颜色。

④ 执行两次:“修改”→“分离”(将文字分离成矢量图)。

⑤ 执行“窗口”→“设计面板”→“混色器”→“位图”命令,选择一个图片。

⑥ 单击“混色器”面板中的的缩略图,该缩略图出现在绘图工具箱的填充颜色井中。

⑦ 选择“颜料桶工具”,单击每一个字。

(4) 闪烁文字的制作(从左到右逐个显示)。

① 执行“文件”→“新建”命令。

② 执行“修改”→“文档”命令,设置背景颜色。

③ 单击文本工具图标,输入“多媒体技术”,然后设置字体、字型、字号、颜色。

④ 执行两次:“修改”→“分离”命令(将文字分离成矢量图)。

⑤ 在时间控制轴上每隔一定的距离插入一个关键帧(按 F6 键,有几个字插入几个关键帧)。

⑥ 在每两个关键帧中间插入一个空白关键帧(按 F7 键)。

⑦ 从第一个关键帧开始,把文字从左到右,显示的字不删除,不显示的字删除掉。

(5) 图片按引导层的路径移动(如蜜蜂采花)。

具体操作步骤如下:

① 执行“文件”→“新建”命令。

② 在图层 1 导入花图片:执行“文件”→“导入到舞台”命令,然后选择花图片。

③ 单击“添加运动引导层”,选择“铅笔”工具,并在选项下拉列表中选择“平滑”选项,然后用铅笔画出图片移动的轨迹,且在某帧处按 F6 键插入一个关键帧。

④ 选择图层 1,在某帧处插入一个关键帧(和引导层在同一个帧处),把图片从轨迹的一端移到另一端,选择图层 1 第一帧,在属性面板“补间”中选择“动作”,并选择“调整到路径”、“同步”、“对齐”,最后一帧处的设置和第一帧完全一样。

(6) 制作如图 5-9 所示的片头动画。

图 5-9 片头动画

制作要求：文字“大学公共计算机资源共享平台”动态显示，其余的部分静态显示。

操作步骤如下：

① 执行“文件”→“新建”命令。

② 设置舞台大小为 720×180 像素(可根据实际情况设置)。

③ 导入背景图片，调整图片大小为舞台大小(一般图片要稍大一点)。

④ 导入静态元素(如“西北师范大学”等，这些元素事先要做成文件)，并调整位置，然后锁定这一层。

⑤ 单击插入图层图标新建一个图层，然后单击文本工具图标，输入“大学公共计算机资源共享平台”，设置字体、字型、字号和颜色。

⑥ 按闪烁文字的制作方式设置动态效果。

⑦ 执行“文件”→“导出”→“导出影片”命令，选择路径，输入文件名。

第6章 多媒体技术基础

实验 6-1 Windows 中的多媒体处理软件的使用

【实验目的和要求】

- 熟悉 Windows 中的多媒体处理软件；
- 了解媒体播放器 Windows Media Player 的使用方法；
- 了解录音机的使用方法。

【实验内容和步骤】

Windows 提供了许多用于音频媒体处理的软件，可以对音频信息进行采集、编辑、变换、效果处理和播放等，主要有 Windows Media Player、录音机、画图和截图工具等。

媒体播放机是 Windows 系统中用于播放多媒体文件的设备。利用媒体播放机并配以相应的驱动程序，可直接播放有关的媒体文件。使用媒体播放机的具体操作步骤如下：

执行“开始”→“所有程序”→ Windows Media Player 命令，屏幕显示如图 6-1 所示的 Windows Media Player。

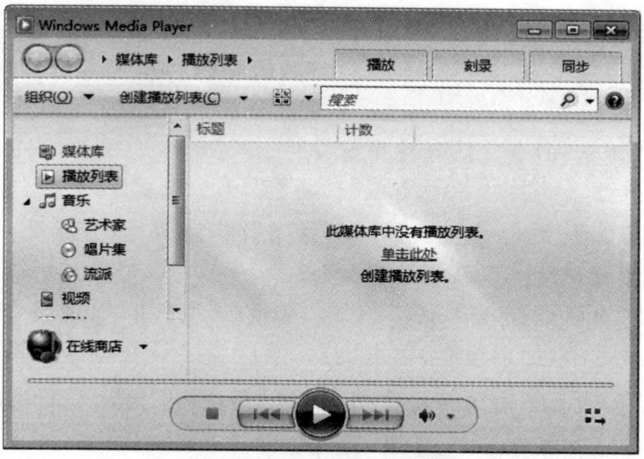

图 6-1 Windows Media Player

Windows Media Player 的播放功能简单，在 Windows Media Player 中增添了“自动重绕”和“自动重复”功能，利用“自动重复”功能，可反复收听同一首音乐。对功能的设置可通过“查看”菜单中的“选项”功能完成。

录音机与日常生活中所用的录音机的功能基本相同，具有播放、录音和编辑功能，在声卡的硬件支持下完成对声音信息的采集，将采集后的声音文件保存为标准的音波（WAV）文件。计算机具备了声卡、喇叭及麦克风等硬件后，就可以利用"录音机"功能来录制声音。

执行"开始"→"所有程序"→"附件"→"录音机"命令，屏幕显示如图6-2所示的"声音-录音机"。

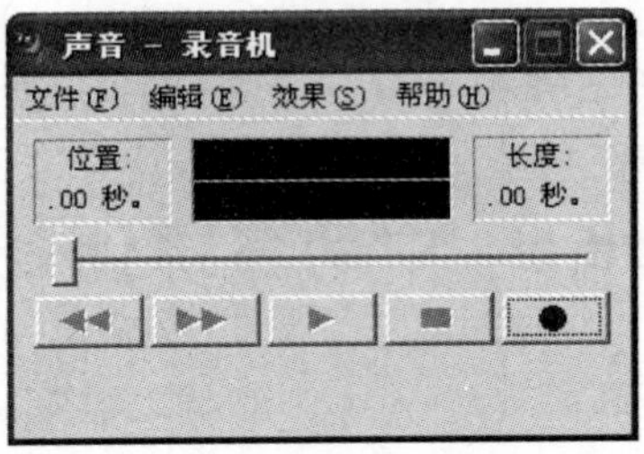

图 6-2 "声音-录音机"

1."声音-录音机"的组成

（1）菜单栏：包括文件、编辑、效果、帮助等。

（2）目前所在位置：指示目前执行的位置。

（3）声音的波形：显示声波形状。

（4）声音的总长度：声音文件的长度。

（5）滑标：改变执行的开始位置。

（6）控制栏：播放、停止、倒带及前转等。

控制栏的按钮从左到右依次为开始、结尾、播放、停止、录音。

2．录制声音

（1）新建声音文件。

每次通过麦克风录音之前，应当先新建文件，清除内存里可能存在的声音信息，以便录制新的声音。

执行"文件"→"新建"命令完成新建声音文件。

（2）录制声音。

录制声音：将录音话筒插入主机箱的"麦克风"插口，执行"开始"→"程序"→"附件"→"娱乐"→"录音机"命令，打开"录音机"应用程序。

打开"声音属性"对话框，单击"录音"中的"音量..."按钮，出现录音控制对话框。检查"麦克风"选项是否被选中，如果没有，单击该项，然后关闭录音控制对话框回到"声音属性"对话框，单击"确定"按钮。单击录音机窗口中的录音按钮 ● ，即可用麦克风开始录制声音，录音完成后，单击停止按钮 ■ ，停止录音。

录制的过程中会产生声音的波形，滑标会随录制的时间而改变。

（3）保存声音文件。

录好的声音可以选择"播放"按钮，试听录制的效果，满意之后，可以将声音以文件形式保存起来。执行"文件"→"保存"命令，在屏幕显示的"另存为"对话框中选择声音文件类型为WAV，并设置其位置和文件名，按"保存"按钮后即完成保存声音文件。

3. 播放声音文件

(1) 读入声音文件。

执行"文件"→"打开"命令,在对话框中选择声音文件文件名,单击"打开"按钮,或双击所选文件图标,打开声音文件。

(2) 声音文件的播放。

对于读入的声音文件,按播放按钮后进行播放。

4. 编辑声音文件

编辑功能用来剪辑声音或插入其他声音。

(1) 调整声音效果。

选择"效果"菜单,如图6-3所示,从中选择要调整的项目,按播放按钮播放。

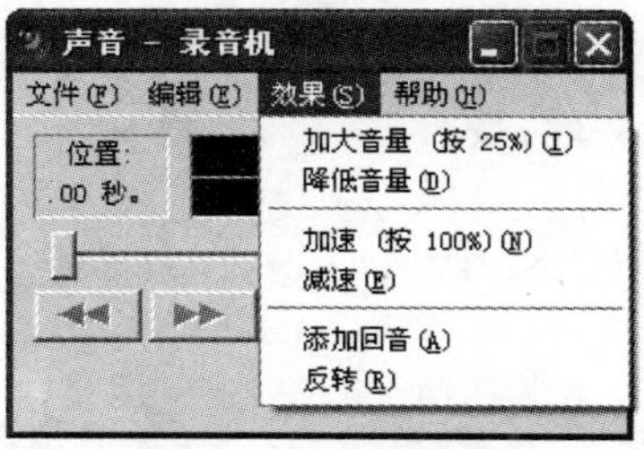

图6-3 调整声音效果窗口

(2) 剪辑声音文件。

将滑块移到要剪辑的开始位置,选择"编辑"菜单,如图6-4所示,选择"删除当前位置以前的内容"命令,按"确定"按钮,将当前位置之前的声音删除。同样,也可将当前位置以后的声音删除。

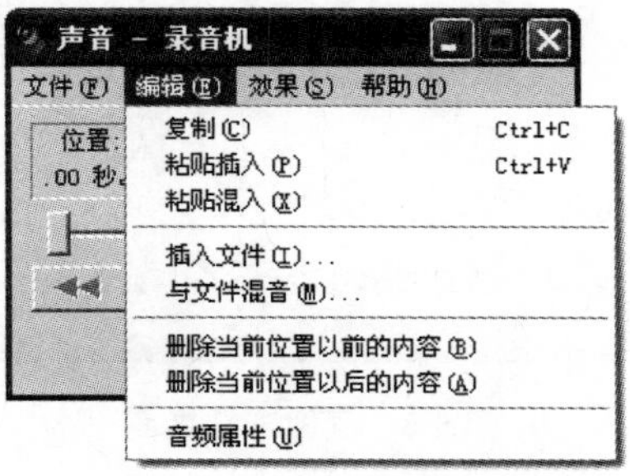

图6-4 剪辑声音文件窗口

(3) 编辑声音文件:在录音机中可以进行简单的声音编辑或处理,如插入声音,混音、添加回音等。

插入声音:在"录音机"窗口中打开一个声音文件,在该声音文件中选择插入点,执行"编辑"→"插入文件"命令,在弹出的"插入文件"对话框中指定要插入的文件,则该声音文件即被插入到当前声音中的指定位置。

混音:指几个声音的叠加,如为配音解说添加背景音乐。和插入声音一样,先打开一个声音文件,然后执行"编辑"→"与文件混合"命令,打开"混入文件"对话框,选择要混入的背景音乐声音文件,单击“打开”按钮,选择的声音即混入到当前声音中。单击“播放”按钮,可试听混音效果。

添加回声:为了增加声音的感染力,执行“效果”→“添加回音”命令。

为声音添加回音效果:利用“添加回音”命令,可以多次地为声音添加回音效果。

实验6-2 图片在画图工具中的简单处理

【实验目的和要求】

了解图片在画图工具中的简单处理。

【实验内容和步骤】

自选一幅图片或一个图片文件,按自己目前的素材,按下面的方法和步骤完成图片的处理。

(1) 执行“开始”→“所有程序”→“附件”→“画图”命令,屏幕显示如图6-5所示的画图工具界面。

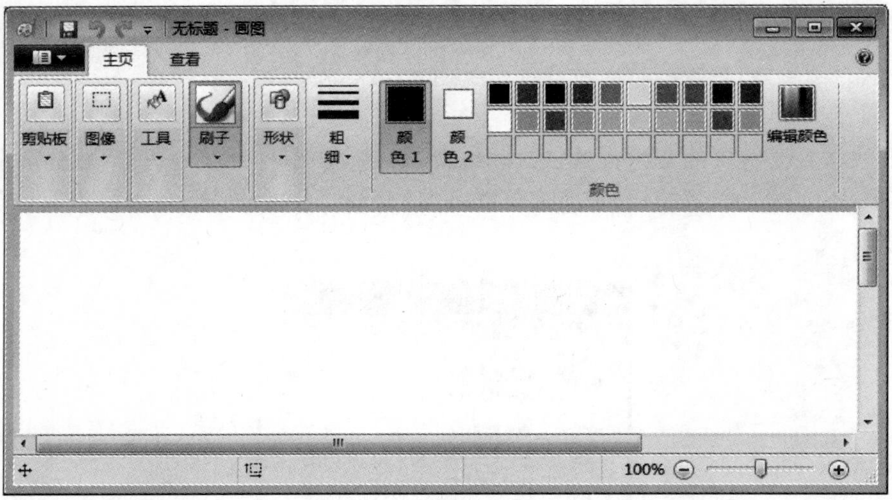

图6-5 画图工具界面

(2) 单击如图6-6所示的“文件”菜单,选择“打开”命令,在弹出的打开对话框中选择所要图片,或直接粘贴已经复制的图片。

(3) 选取剪贴板、图像、工具、形状、颜色等功能区的工具按钮,进行编辑。

(4) 保存图片,执行菜单“文件”→“保存”命令。

(5) 也可以选取图像功能区的“选择”下拉工具按钮,选择形状,截取图形,然后粘贴到其他目的地。

注意:最好结合PrintScreen键和Alt+PrintScreen组合键的功能,对现场复制的屏幕或活动窗口图片进行处理,这个操作很实用。

图 6-6 “文件”菜单

实验 6-3 截图工具的简单运用

【实验目的和要求】

了解截图工具的简单运用。

【实验内容和步骤】

执行“开始”→“所有程序”→“截图工具”命令，即可打开截图工具程序，如图 6-7 和图 6-8 所示。

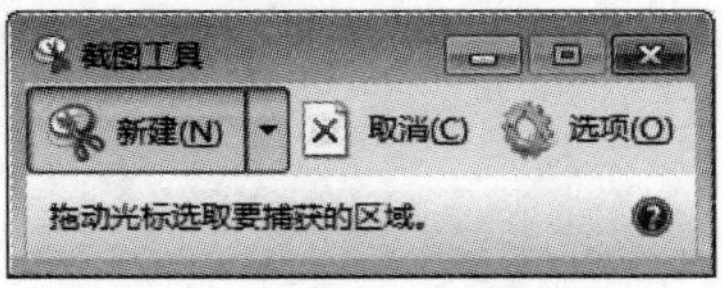

图 6-7 截图工具窗口 1

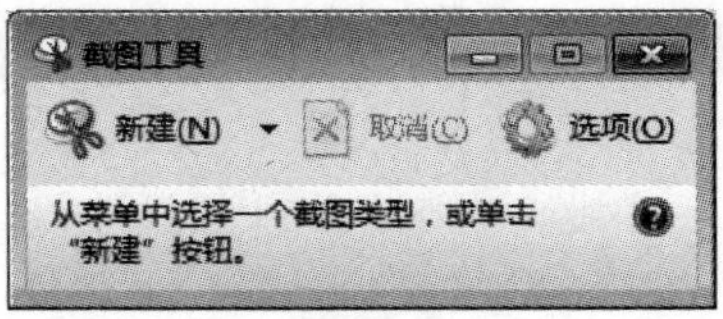

图 6-8 截图工具窗口 2

单击“新建”右边的下拉按钮，从菜单中选择一个截图类型，如任意格式截图、矩形截图、窗口截图、全屏幕截图等，即可拖曳鼠标截图，并进入如图 6-9 所示的截图工具编辑界面，对所截取的图形进行编辑、保存、发送等操作。

图 6-9　截图工具窗口 3

第7章 计算机网络基础

实验 7-1 浏览器的使用

【实验目的和要求】

- 熟悉浏览器的使用；
- 掌握浏览器的使用及设置方法。

【实验内容和步骤】

1. 浏览器的使用

(1) 双击桌面上的 IE 浏览器图标，打开 IE 浏览器窗口。

(2) 在“地址栏”中输入地址 www.163.com，按 Enter 键。

(3) 打开网页，如图 7-1 所示。

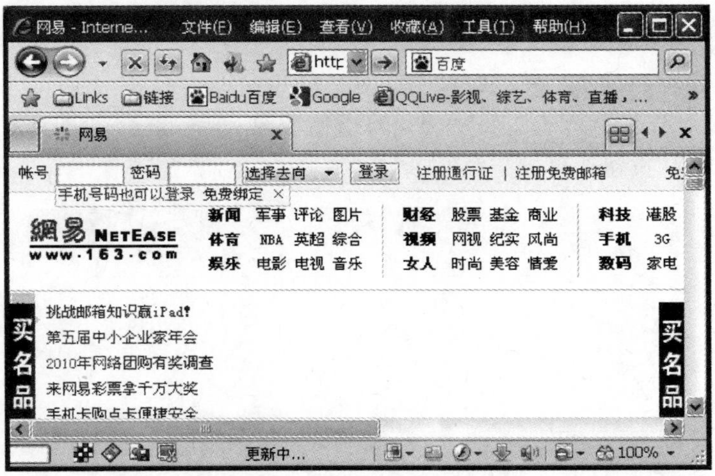

图 7-1 网易网页

2. 收藏网页

IE 浏览器的收藏夹可以帮助用户保存喜欢站点的地址，在需要时，打开收藏夹便可快速连接到所要的网页，具体操作如下：

(1) 在地址栏中输入网页地址 www.baidu.com。

(2) 执行“收藏夹”→“添加到收藏夹”命令，打开相应的对话框，如图 7-2 所示。

(3) 单击“新建文件夹”,输入“搜索网页”,如图 7-3 所示。

(4) 选中“搜索网页”,单击“创建到”即可将网页收藏。

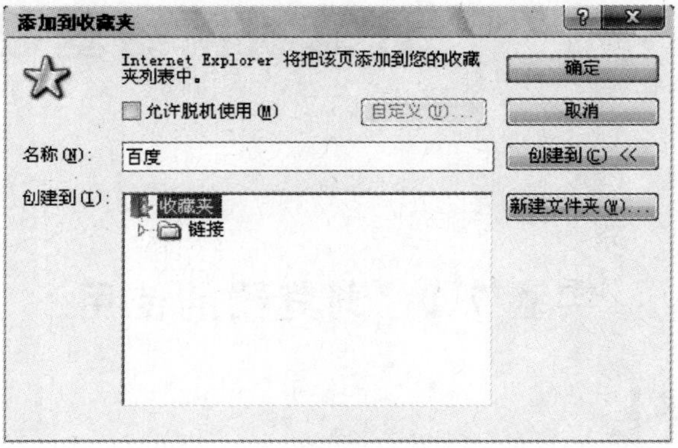

图 7-2 “添加到收藏夹”对话框

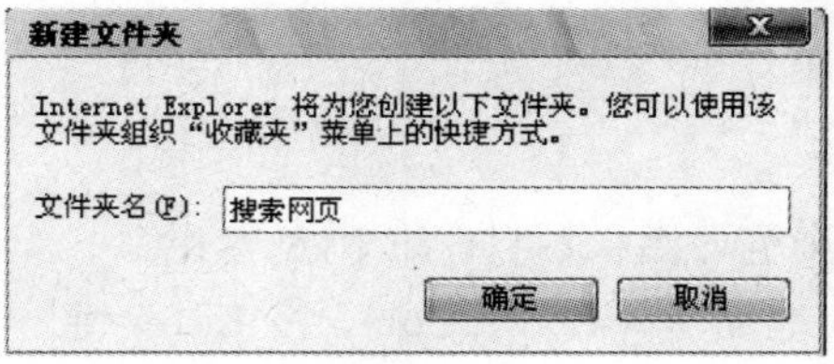

图 7-3 “新建文件夹”对话框

3. 保存网页

(1) 打开要保存的网页。

(2) 执行“文件”→“另存为”命令,弹出对话框如图 7-4 所示。

(3) 单击“保存”按钮即可。

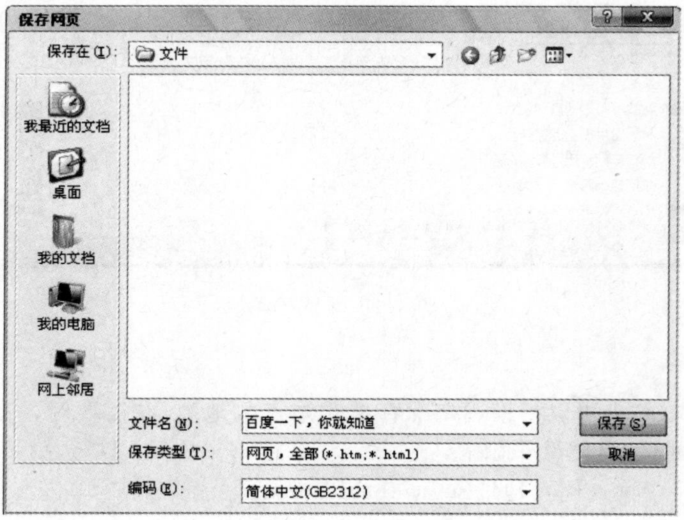

图 7-4 “保存网页”对话框

4. 设置浏览器主页

具体操作如下：

(1) 打开浏览器，在"地址栏"中输入网址 www.nwnu.edu.cn。

(2) 打开网页后，执行"工具"→"Internet 选项"命令，打开"Internet 选项"对话框，如图 7-5 所示。

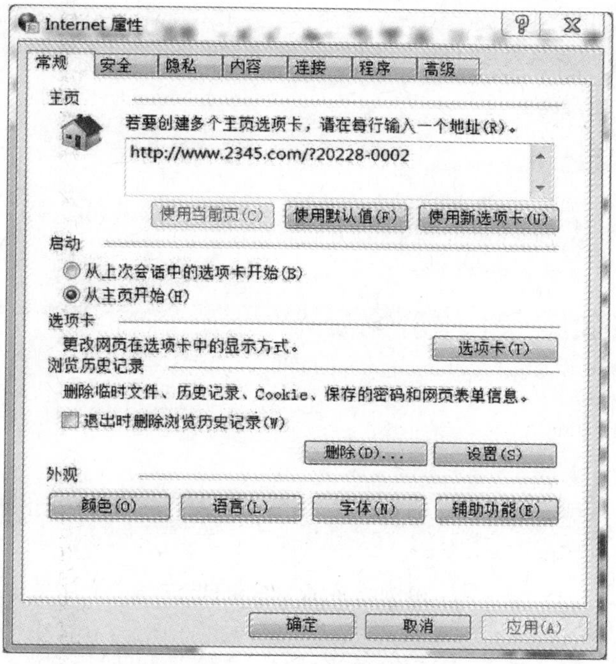

图 7-5 "Internet 选项"对话框

(3) 在"主页"选区中，单击"使用当前页"按钮，单击"确定"按钮。

实验 7-2 访问局域网资源

【实验目的和要求】

- 掌握文件夹及磁盘共享的方法；
- 掌握访问同一局域网中的计算机；
- 掌握映射网络驱动器的方法；
- 掌握网络打印机的共享设置与使用方法。

【实验内容和步骤】

1. 磁盘和文件夹的共享

根据目前的素材，自选一个文件夹，按下面的方法和步骤完成实验。

共享文件夹的操作步骤如下：

(1) 如要共享名为 aaaaa 的文件夹，执行"开始"→"所有程序"→"附件"→"Windows 资源管理器”命令。

(2) 打开 Windows 资源管理器,然后定位到要共享的 aaaaa 文件夹上。右击该文件夹,然后在弹出的快捷菜单中选择“共享”命令。

(3) 在如图 7-6 所示的界面中,单击“更改高级共享设置”超链接。

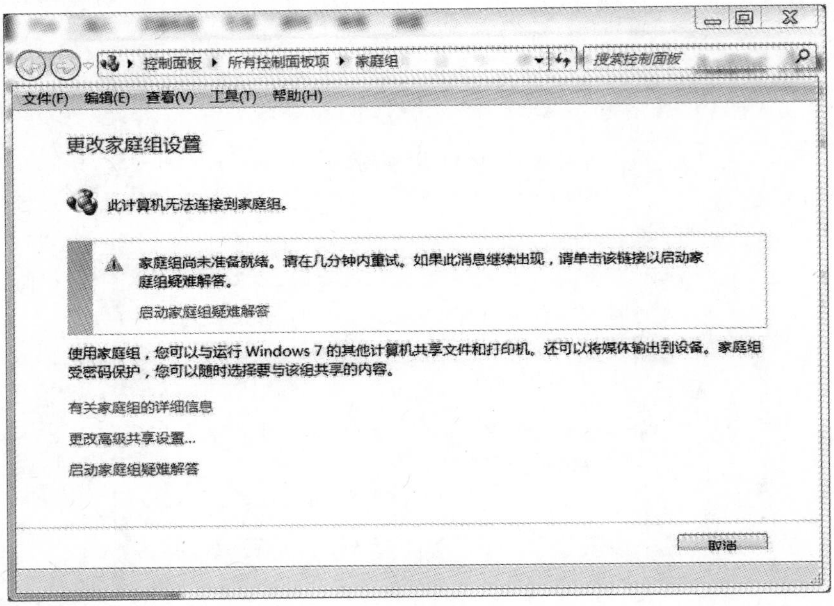

图 7-6 更改家庭组设置

(4) 在弹出的“启用文件共享”对话框中,按照屏幕提示进行逐项设置。

2. 访问局域网上的计算机

根据目前的局域网环境,按下面的方法和步骤完成实验。

操作步骤如下:

(1) 双击桌面上的“网络”图标,打开“网络”窗口。单击窗口左侧的“网络”超链接。

(2) 在打开的工作组窗口中,可查看到相同工作组中所有已登录网络的计算机名。双击某个计算机图标,则可以显示该计算机中共享的文件夹和外部设备资源。

(3) 如网络中有多个工作组和域,要查看网络中的计算机,在窗口左侧窗格中单击显示网络中所有的工作组和域。

(4) 双击要打开的工作组图标,打开工作组窗口,可查看到该工作组中所有已登录网络的计算机名。

(5) 选择某一台计算机,双击该计算机图标。

(6) 将看到所选计算机中的共享资源。

(7) 打开该计算机中的文件夹,就可以对其中的文件进行复制、移动等操作了。

3. 映射网络驱动器

根据目前的局域网环境,按下面的方法和步骤完成实验。

映射网络驱动器是指将本地计算机的驱动器号分配给网络计算机或文件夹。这样可以如同使用本地资源一样方便地使用它了。

操作步骤如下：

（1）单击桌面“计算机”图标，打开“计算机”窗口。

（2）在快捷菜单上，选择“映射网络驱动器”按钮。

（3）在“驱动器”下拉列表框中，输入或选择将映射到共享资源的驱动器号。

（4）在“文件夹”下拉列表框中，以“\\服务器\共享名”的形式输入资源的服务器名（或计算机名）和共享名，如图 7-7 所示。

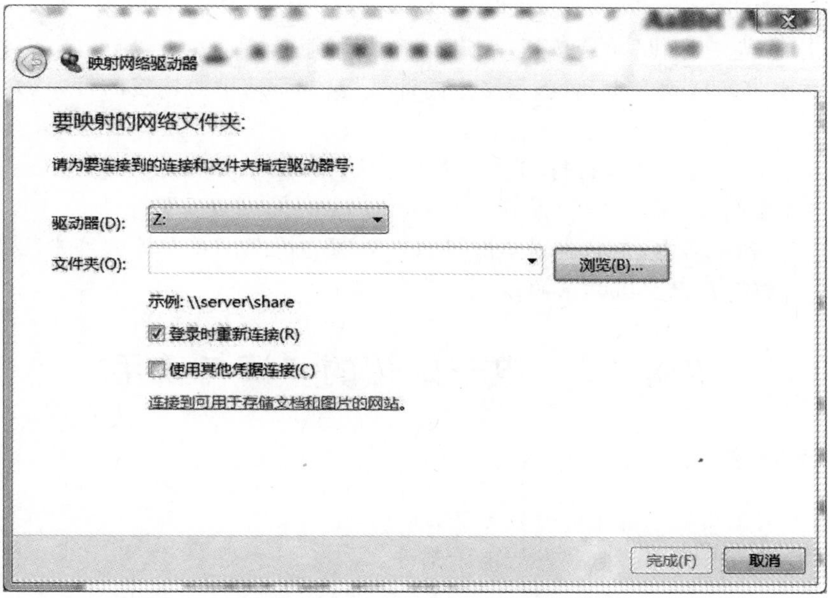

图 7-7 “映射网络驱动器”对话框

还可以单击“浏览”按钮，在局域网中定位要共享的网络文件夹。如果希望每次启动 Windows 7 时都建立这个映射，则应选中“登录时重新连接”复选框。

（5）输入或找到共享的网络文件夹后，单击“确定”按钮，返回“映射网络驱动器”对话框，单击“完成”按钮。

（6）运行资源管理器，可在窗口左侧的文件夹列表内看到刚才映射的共享网络文件夹，它已被分配了刚才设定的驱动器。

（7）要断开网络驱动器，则在“我的电脑”窗口右击要断开的网络驱动器，在弹出的快捷菜单中选择“断开”命令即可。

4. 共享和使用打印机

根据目前的局域网环境，按下面的方法和步骤完成实验。

（1）打开“控制面板”窗口，单击“设备和打印机”超链接，打开“设备和打印机”窗口。

（2）单击“打印机和传真”窗口。

（3）右击本地打印机，在弹出的快捷菜单中选择“打印机属性”命令。单击“共享”按钮打开对话框的“共享”选项卡。

（4）选中“共享这台打印机”复选框，输入共享打印机的共享名。

（5）单击“确定”按钮，进行驱动程序的安装。

(6) 在安装了其他驱动程序之后，连续单击“确定”按钮退出。

(7) 打印机图标的下方出现了一个手形的标志，表明设置打印机共享成功。

安装远程打印机的操作步骤如下：

(1) 打开“打印机和传真”窗口，单击快捷“添加打印机”按钮，打开“添加打印机向导”对话框，然后单击“下一步”按钮。

(2) 如果为对等网的共享打印机，单击“网络打印机，或连接到另一台计算机的打印机”单选按钮，然后单击“下一步”按钮。

(3) 单击“浏览打印机”单选按钮，单击“下一步”按钮。

(4) 在共享打印机列表中，双击网络上的计算机图标，选中要连接的打印机，单击“下一步”按钮。

(5) 系统会询问是否把这台打印机设置为默认打印机。确认之后，单击“下一步”按钮，打开“正在完成添加打印机向导”对话框，单击“完成”按钮，结束安装。

在现实工作和生活中，常会遇到要访问网络资源的情况。在对等网络中磁盘、文件夹、光驱、打印机等资源都是可以共享的。

实验 7-3 电子邮箱的申请与使用

【实验目的和要求】

- 学会申请免费电子邮箱的操作方法；
- 利用免费电子邮箱接收和发送电子邮件。

【实验内容和步骤】

为自己申请一个免费邮箱。

注意：*在网易公司的网页可以选择注册 163、126、yeah. net 三大免费邮箱。*

1. 申请电子邮箱

(1) 打开 www. 163. com 主页，单击“注册免费邮箱”超链接，如图 7-8 所示。

图 7-8 注册链接

(2) 注册页面如图 7-9 所示。

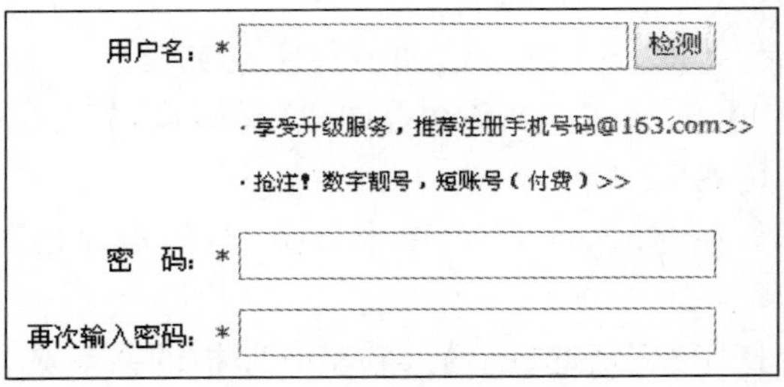

图 7-9 注册页面

(3) 输入用户信息，单击“下一步”按钮。

(4) 系统进入个人资料填写网页，需要输入邮箱密码及个人资料，有 * 的文本框是必须要填写的。填写结束后单击“我接受下面的条款，并创建账号”按钮。

(5) 邮箱申请成功，单击“进入邮箱”按钮。

注意：申请邮箱的界面、过程因网站而异，同一网站在不同时期也有所不同，但一般都有申请向导，按向导的指引，逐步完成即可。

2. 发送邮件

根据自己和实验现场同学已有的信箱，按下面的方法和步骤完成实验。可以先自己给自己发送邮件。

(1) 进入主页，单击进入信箱超链接，假如登录界面如图 7-10 所示，输入账号和密码，按 Enter 键进入。

(2) 发邮件，单击“写信”按钮。

(3) 在出现窗口的“收件人”一栏中填写收件人的电子邮箱地址，在“主题”一栏中，写入邮件的主题。

(4) 如果要同时发给几个人，单击“显示抄送”按钮。在出现的“抄送按钮”文本框中，输入收件人邮箱地址，在地址之间用(；)隔开。

(5) 单击“附件”按钮，可添加附件。

(6) 写完邮件后，单击“发送”按钮即可。

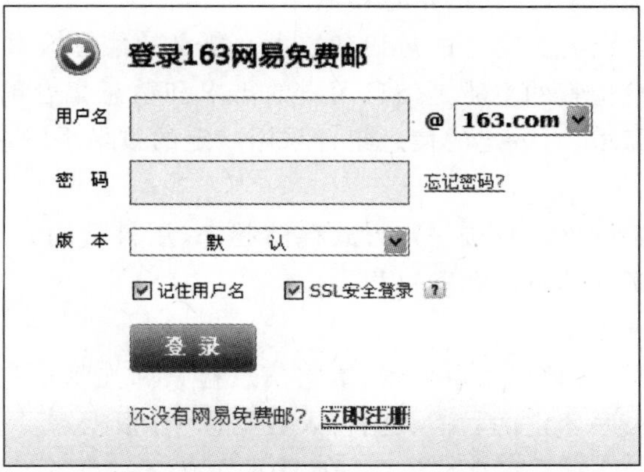

图 7-10 邮箱登录界面

3. 接收邮件

(1) 单击“收信”按钮。

(2) 在邮件列表中选择邮件双击打开即可。

4. 转发电子邮件

(1) 打开或选中要转发的邮件。

(2) 在工具栏上单击“转发”按钮。

(3) 输入每一个收件人的邮箱地址，单击工具栏上的“发送”按钮。

5. 删除或恢复电子邮件

(1) 邮件列表中,选择要删除的邮件。

(2) 单击工具栏上"删除"按钮即可,邮件被转入"已删除"文件夹,但邮件并没有真正的被删除,如果要彻底删除邮件,还要在"已删除"中再次删除邮件。

(3) 要恢复已删除的邮件,打开"已删除"文件夹,然后将邮件转移到收件箱或其他文件夹即可。

实验7-4　网络信息检索技术与搜索引擎

【实验目的和要求】

- 了解网络信息检索的知识和技术;
- 掌握目前主要的几种搜索引擎及其使用。

【实验内容和步骤】

在学习相关知识和技术的同时,结合自己的专业,自行设计搜索的主题和内容,进行网上实验。

1. 网络信息检索及其分类

信息检索也称情报检索,广义的信息检索是指将信息按一定的方式组织和存储起来,并根据信息用户的需要找出有关信息的过程和技术。狭义的信息检索是指从信息集合中找出所需信息的过程。信息检索的本质是信息用户的需求和信息集合的比较与选择,即匹配的过程。用户根据检索需求,对一定的信息集合采用一定的技术手段,按照一定的线索与准则找出相关的信息。

网络信息检索是将网络信息按一定方式存储起来,用科学的方法,利用检索工具,为用户检索、揭示、传递知识和信息的业务过程。

(1) 按检索内容分类。

按照检索内容分类,有数据信息检索、事实信息检索和文献信息检索。其中,数据信息检索是将经过选择、整理、鉴定的数值数据存入数据库中,根据需要查出可回答某一问题的数据的检索;事实信息检索是将存储于数据库中的关于某一事件发生的时间、地点、经过等情况查找出来的检索;文献信息检索是将存储于数据库中的关于某一主题文献的线索查找出来的检索,通常通过目录、索引、文摘等二次文献,以原始文献的出处为检索目的,可以向用户提供原始文献的信息。

(2) 按组织方式分类。

按照组织方式的不同,有全文检索、超文本检索和超媒体检索。其中,全文检索是将存储在数据库中的整本书、整篇文章中的任意信息查找出来的检索,可以根据需要获得全文中的有关章、节、段、句、词等的信息;超文本检索是对每个结点中所存的信息及信息链构成的网络中信息的检索,强调中心结点之间的语义联结结构,靠系统提供的工具进行图示穿行和结点展示,提供浏览式查询,可进行跨库检索;超媒体检索对存储的多种媒体信息进行检索,是多维存储结构、有向的链接,与超文本检索一样,可提供浏览式查询和跨库检索。

2. 网络信息检索技术

在信息检索领域,英语信息检索的发展较为迅速,如由 Salton 等开发的 SMART 信息检索系统,可以利用向量空间表示检索信息内容,并将自然语言处理应用于信息检索,提高了信息查询的准确性。中文信息检索有其自身的特点,如中文语词之间没有空格,在索引前要进行语词切分。与英语相比,汉语句法分析和语义理解更为困难,因此造成中文信息检索的发展较为缓慢。目前已有的中文检索系统绝大部分仍为关键词检索,许多系统还处于"字"索引阶段,效率较低,信息检索的精度和准确性较差。

网络信息资源检索工具主要有:

① 基于菜单式的检索工具和基于关键词的检索工具,如 Gopher、WAIS 等。

② 基于超文本的检索工具,如 WWW 方式检索。

③ 网络指南工具搜索引擎。

④ 全文数据库检索工具和多媒体信息检索工具。

1) 搜索引擎的概念与原理

搜索引擎(Search Engine)是指根据一定的策略、运用特定的计算机程序搜集互联网上的信息,对信息进行组织和处理后,为用户提供检索服务的系统。其实质就是一个专门为用户提供信息"检索"服务的网站。从使用者的角度看,搜索引擎提供一个包含搜索框的页面,在搜索框输入词语通过浏览器提交给搜索引擎后,搜索引擎就会返回与用户输入的内容相关的信息列表。

搜索引擎主要由 4 部分组成,即搜索系统、索引系统、检索系统和用户接口。搜索系统尽可能快、尽可能多地发现和搜索因特网上的信息,及时更新已有信息;索引系统用于理解搜索系统所搜索的信息,从中建立用于表示文档和生成文档库的索引表,进一步建立索引数据库;检索系统根据用户的搜索需求,在索引数据库中快速检索出文档,进行文档与检索的相关度评价,对将要输出的检索结果进行排序;用户接口的功能是输入检索关键词、显示检索结果、提供用户相关性反馈机制。

搜索引擎的工作原理可以概括为,"蜘蛛"(Spider)系统程序抓取网页→索引系统建立索引数据库→检索系统在索引数据库中搜索排序→页面生成系统将结果返回给用户。

(1) 抓取网页。搜索引擎利用自己独立的网页抓取程序(也称为搜索程序或"蜘蛛"),把开始确定的一组网页链接作为浏览的起始地址,获取网页,提取页面中出现的链接,并通过一定算法决定下一步要访问哪些链接。搜索器将已经访问的页面存储到自己的页面数据库。一直重复这种访问过程,直至结束。搜索器定期回访访问过的页面,以保证页面数据库最新。

(2) 建立索引数据库。当搜索器访问网页并将其内容和地址存入网页数据库以后,就要对其建立索引。索引系统通过分析相关网页信息,根据一定的相关度计算,将出现的所有字或词抽取出来,并记录每个字词出现的网址及相应位置,建立网页索引数据库。

(3) 搜索排序。用户输入检索关键词后,检索系统首先分析用户检索的关键词,通过一定的匹配算法,从网页索引数据库中查找符合检索关键词的相关网页,获得相应的检索结果,按照相关度数值对检索结果进行排序。

(4) 页面生成系统将搜索结果的链接地址和页面内容组织起来提供给用户。

需要强调的是,即使最大的搜索引擎建立超过 20 亿网页的索引数据库,也只能占到 Internet 上普通网页的 30%,不同的搜索引擎之间的网页数据重叠率一般在 70%以下。使用不同搜索引的重要原因是它们能分别搜索到不同的内容。

2）搜索引擎分类

按搜索引擎的工作原理和组织形式划分，有全文搜索引擎、目录索引类搜索引擎和元搜索引擎三类。

(1) 全文搜索引擎(Full Text Search Engine)。

全文搜索引擎由检索程序以某种策略自动地在互联网中搜集和发现信息，由索引系统为搜集到的信息建立索引数据库，由检索系统根据用户的查询输入检索索引库，如果找到与用户要求内容相符的网站，便采用特殊的算法计算出各网页的信息关联程度，然后根据关联程度高低，按顺序将这些网页链接制成索引返回给用户。这类搜索引擎的优点是信息量大，更新及时；其缺点是返回信息过多，有很多无关信息，用户必须从结果中进行筛选。这类搜索引擎中代表性的有Google、百度(Baidu)等。

(2) 目录搜索引擎(Index/Directory Search Engine)。

目录搜索引擎只是一些按照目录分类的网站超链接列表，主要通过人工发现信息，并依靠标引人员对信息进行分析和分类，由专业人员手工建立关键词索引和目录分类体系。这类搜索引擎中最具代表性的是"Yahoo!"、新浪等。

(3) 元搜索引擎(Meta Search Engine)。

元搜索引擎是一种用其他独立搜索引擎的引擎。它在接收用户查询请求后，同时向多个搜索引擎递交请求，将返回的结果进行重复排除、重新排序等处理后，作为自己的结果并返回给用户。其搜索效果始终不太理想，所以没有一个特别具有优势的元搜索引擎。

3）常用搜索引擎简介

(1) 百度搜索引擎。

2000年，百度公司掀开了中文搜索引擎的新篇章。目前，百度搜索引擎是世界上最大的中文搜索引擎，数据总量超3亿页，并且还在保持快速的增长，具有高准确性、高查全率、更新快及服务稳定的特点，它提供网页快照、网页预览/预览全部网页、相关搜索词、错别字纠正提示、新闻搜索、Flash搜索、信息快递搜索、百度搜霸、搜索援助中心。

百度搜索引擎技术具有全球独有的"超链分析"专利技术，被认为是第二代中文搜索引擎核心技术的代表，接受来自全球138个国家的搜索请求，国内20多家网站，如新浪、搜狐、中国人等均使用百度搜索引擎作为站点搜索的支持，其检索词可以是中文、英文、数字或中英文数字的混合体，提供新闻、网站、网页、MP3、视频、贴吧等多种分类搜索。图7-11所示为百度搜索引擎主页(http：//www. Baidu. com)。"百度"两字源自辛弃疾《青玉案》中的"众里寻她千百度"词句。

(2) Google中文和英文搜索引擎。

Google是由英文单词"googol"变化而来的，一般译为"谷歌"。它是斯坦福大学博士生Larry Page和Serger Brin共同开发的全新的在线搜索引擎，目前被公认为全球最大的搜索引擎。

Google的优点是网址数量大，检索语种多(多达30余种语言)，响应速度快，尤其是它的"手气不错"功能，直接进入可能最符合要求的网站。它的"网页快照"功能，能够从Google服务器里取出某些被删除的网页供用户阅读，方便其使用。除了提供常规及高级搜索功能外，还提供了特别主题搜索，如Apple Macintosh、BSD、UNIX、Linux和大学搜索等。

图 7-11 百度搜索引擎主页中心界面

Google 的“蜘蛛”程序名为 Googlebot，属于非常活跃的网站扫描工具。Google 一般每隔 28 天派出“蜘蛛”程序检索现有网站一定 IP 地址范围内的新网站，所以用 Google 搜索最新的信息有时是不合适的。目前，Google 的分类目录包含网页、图片、地图、视频、音乐、博客、网站、照片、学术、文档等 20 类，每类分为若干个子类，图 7-12 所示为 Google 中文搜索引擎的主页(http：//www. google. cn 或 http：//www. google. com. hk)的中心界面。

图 7-12 Google 搜索引擎中文主页中心界面

(3) “Yahoo!”搜索引擎。

“Yahoo!”是全球知名度最高的搜索引擎之一，一般译为“雅虎”，具有容纳全球 120 多亿网页的强大数据库，支持 38 种语言，拥有近 10 000 台服务器，服务全球 50%以上互联网用户的搜索需求。其分类数据库数据具有质量较高，冗余信息较少的优点。它首创的分类方法独特实用，并支持在检索结果中进行二次检索，适合于一般的查询。“Yahoo!”在全球共有 24 个网站，能够提供网页、网址、资讯、人物、音乐、图片等 18 类分类目录。图 7-13 所示为“Yahoo!”中文搜索引擎的主页(http：//www. yahoo. cn)的中心界面。

图 7-13 Yahoo! 搜索引擎中文主页中心界面

(4) 网站兼带的搜索引擎。

新浪、搜狐、网易、天网(http：//e. pku. edu. cn)等网站兼带的搜索引擎也是非常受欢迎的中文搜索引擎，各有其特点。但与专业搜索引擎相比，功能不够强大。

4) 搜索引擎的使用

不同搜索引擎搜集网页的内容和数量均不同,所使用的分类办法、检索算法、排序方法也有所不同,因此不同的搜索引擎对同一关键词进行检索时的结果将大不一样。用户应该根据自己的搜索要求,寻找合适的搜索引擎站点。所以,选择合适的搜索引擎才能得到令用户满意的结果。

一般的搜索引擎都具有"分类检索"和"关键词检索"两种搜索方法。

(1) 分类检索。

"分类检索"是在搜索网站中,按照主题分类,在相关的类别中进行查询,操作比较简单。在检索信息时,如果大致知道要搜索的信息属于哪一个分类,就可以利用分类检索的方式来搜索信息。有时,很难确定所查找的信息在哪一个类别中,再加上用户对信息分类的理解与网站设计者不一致,查找信息时就可能要走弯路。

(2) 关键词检索。

"关键词检索"是利用标题、词语等关键字,从搜索引擎数据库中准确地查找相关的信息。为了提高搜索精确程度,在搜索文本框输入关键词时,需要灵活使用语法。但许多搜索引擎都提供了"高级搜索",读者通过"高级搜索"窗口中的选项和文本框来选择显示方式或输入检索词即可完成基本语法能够实现的功能。此外还可以参考每个搜索引擎的帮助系统,获得帮助。

关键词检索的基本语法主要包括以下几部分:

① 使用布尔(Boolean)检索。

所谓"布尔检索",是指通过标准的布尔逻辑关系词来表达检索词与检索词间逻辑关系的一种检索方法。主要的布尔逻辑关系词有"与"、"或"、"非"等。搜索引擎基本上都支持布尔逻辑命令查询,用好这些命令符号可以大幅提高搜索精度。

- 逻辑"与"。逻辑"与"常用的表示方法为 and 或"+",其含义是只有用"与"连接的关键词全部出现时,所搜索到的结果才算符合条件,Google 中不使用 and,但可以在检索词前加上空格"+"表示必须包含该词条。
- 逻辑"或"。逻辑"或"常用的表示方法为 or,其含义是只要用"或"连接的关键词中有任何一个出现,所搜索到的结果就算符合条件。
- 逻辑"非"。逻辑"非"常用的表示方法为 not 或"-",其含义是搜索的结果中不应含有"非"后面的关键词。

在输入汉字作为关键词时,不要随意加空格,因为许多搜索引擎把空格认作特殊操作符,其作用有的与 and 一样,有的与 or 一样。

输入多个词语搜索(不同字词之间用一个空格隔开),可以获得更精确的搜索结果。

有些搜索引擎在检索词输入框边已设有"与"、"或"按钮,只要选中相应的按钮,在输入的各类检索词间插入空格,单击"搜索"按钮后搜索引擎会自动在各检索词间加"与"、"或"符号。有的搜索引擎查询时以"&"代表 and,以"!"代表 not,具体是哪一种用法,要根据具体的搜索引擎来定。

② 精确搜索的应用。

用精确搜索符引号("")括起来的词表示要进行精确匹配,即将关键词或关键词的组合作为一个字符串在其数据库中进行搜索,不包括演变形式。

书名号(《》)是百度独有的,加上书名号的查询词,有两层特殊功能,一是书名号会出现在搜索结果中;二是被书名号括起来的内容不会被拆分。书名号在某些情况下特别有效果。

百度搜索引擎中,括号"()"和数学中的括号相似,用来使括号内的操作符先起作用。

③ 通配符" * "或"?"的使用。

大多数搜索引擎将" * "和"?"作为通配符使用," * "可以代表几个字符,"?"代表单个字符。

目前,谷歌和百度只支持精确查询,如果在检索词后紧跟" * "或"?",系统会将其忽略。

④ 字段检索。

网络信息实际上不分字段,但有的搜索引擎设计了类似于字段检索的功能,运用字段设置,可以把检索词限制在一定位置范围内。

- 检索结果限定在网页标题中。把查询范围限定在网页标题中,有时能获得良好的效果。一般使用"intitle: 检索词"来实现。

由于网页的标题通常会准确的描述网页的内容,所以使用"intitle: "针对页面标题进行搜索的效果会更精确。

- 检索结果限定在特定网站中。如果知道某个网站或域名中有需要搜索的内容,可以使用"检索词 site: 站点域名"(不含"http: //"及"/"等),把结果限制在某个网站或域名之内。如果要排除某网站或域名范围内的页面,只需用"一网站/域名"。
- 将搜索范围限定在 URL 链接中。对搜索结果的 URL 做某种限定,可以获得良好的效果。

谷歌中的"allinurl: 检索词",返回的网页链接中包含所有查询关键字。这个查询的对象只集中于网页的链接字符串。

related 用来搜索结构内容方面相似的网页,如要搜索所有与中文新浪网主页相似的页面(如网易首页、搜狐首页等),使用搜索"related: www. sina. com. cn/index. shtml"即可。

在谷歌和百度中,"inurl: 检索词"返回的网页链接中包含第一个关键字,后面的关键字则出现在链接中或网页文档中。有很多网站把某一类具有相同属性的资源名称显示在目录名称或网页名称中,如 MP3 等,因此可以用 iurl 找到这些相关资源链接,用第二个关键词确定是否有某项具体资料,"iurl"通常能够提供非常精确的专题资料。要注意的是,inurl: 后面所跟的关键词不能为空格。"Yahoo!"不提供该检索方法。

在 Yahoo! 和百度中"url: 检索词"用于精确搜索 URL。使用"url: http: //cn. yahoo. com",搜索引擎只会返回雅虎中国一个结果。

⑤ 检索不同类型的信息。

在 Internet 上很多有价值的资料并非普通的网页,而是以 pdf、doc、xls、ppt、rtf、swf 等文档类型格式存在的。百度搜索引擎支持对 Office 文档(Word、Excel、PowerPoint)、pdf 文档、rtf 文档进行全文搜索。谷歌搜索引擎支持 13 种非 HTML 文件的搜索。搜索这类文档,只需要在普通查询词后面加一个"Filetype: 文档类型"限定。"filetype: "后可以跟以下文件格式: pdf、doc、xls、ppt、rtf、swf 等。其中,all 表示搜索所有这些文件类型。例如,搜索信息检索方面的 Word 格式的论文,在搜索栏输入"信息检索 filetype: doc"即可;如果只想检索 pdf 格式的文件,搜索"信息检索 filetype: pdf"即可。

实验7-5 数字图书馆与CNKI检索

【实验目的和要求】

- 了解数字图书馆的相关知识和技术;
- 掌握CNKI提供的主要的几种检索方法;
- 掌握CAJViewer浏览器的使用。

【实验内容和步骤】

在学习相关知识和技术的同时,结合自己的专业,自行设计搜索的主题和内容,进行网上实验。

数字图书馆(Digital Library)是以电子格式存储海量多媒体信息并能对这些信息资源进行高效操作的技术。它不仅要存储数字化的图书、音视频作品、电子出版物、地理数据等人文和科学数据,还要提供Internet上基于内容的多媒体检索。特别在教育领域,数字图书馆将成为非常重要的教育设施。

1. 超星电子图书馆

超星数字图书馆(http://www.sslibrary.com)是国家"863计划"中国数字图书馆示范工程项目,2000年开始建立了全国最大的中文数字图书馆。超星数字图书馆新书试用包含图书资源近百万种,涵盖中图法22大类,包括文学、历史、法律、军事、经济、科学、医药、工程、建筑、交通、计算机、环保等。它能随时为用户提供最新、最全的图书信息。

登录超星数字图书馆、学校的超星数字图书馆或其他下载网站,均可以下载SSReader(超星)阅览器(超星数字图书是按页组成的PDG文件,通过阅览器阅读需要下载并安装超星阅览器,而通过IE阅读时自动下载IE阅读插件)。超星数字图书馆提供了三种阅读方式。

(1) 免费阅览室阅读:进入免费阅览室→查找所需图书。

(2) 会员图书馆阅读:进入会员图书馆→订阅会员服务→查找所需图书。

(3) 电子书店阅读:进入电子书店→查找所需图书→付费购买成功。查找到图书后,单击"阅览器阅读"或"IE阅读"按钮浏览图书。

2. 万方数据资源系统(ChinaInfo)

万方数据资源系统分科技信息系统、数字化期刊和企业服务系统三个子系统,其站点地址是http://www.wanfangdata.com.cn。该站点数据库提供数字化期刊论文资源、学位论文资源、会议论文资源、西文期刊论文、西文会议论文等11类资源全文,整个期刊全文采用HTML格式制作,可以使用通用浏览器(如IE)直接浏览、下载、打印,有些全文使用PDF格式的文献多需要使用CAJViewer或Adobe Reader阅读器浏览。

3. 维普中文科技期刊数据库

维普中文科技期刊数据库是由重庆维普资讯有限公司制作的,用于检索1989年至今的400多种中文报纸,8000多种中文期刊,5000余种外文期刊文献,是目前国内中文期刊的主要数据库之一。现已成功应用于《中文科技期刊数据库》、《外文科技期刊数据库》、《中国科技经济新闻数据库》和《医药信息资源系统》、《航空航天信息资源系统》等十几种数据库产品。

4. 中国期刊网

中国知识基础设施工程(China National Knowledge Infrastructure,CNKI)是以实现全社会知识信息资源共享为目标的国家信息化重点工程,由清华大学和同方公司发起,始建于1999 年 6 月。经过多年努力,自主开发了具有国际领先水平的数字图书馆技术,建成了世界上全文信息量规模最大的"CNKI 数字图书馆",并正式启动建设中国知识资源总库及CNKI 网格资源共享平台。CNKI 的子网站群有 CNKI 知网数字图书馆、中国期刊网、中国研究生网、中国社会团体网、CNKI 电子图书网、中小学多媒体数字图书馆、中国医院数字图书馆、中国企业创新知识网、中国城建数字图书馆、中国名师教育网、CNKI 数字化学习研究网、中国农业数字图书馆等 16 个。

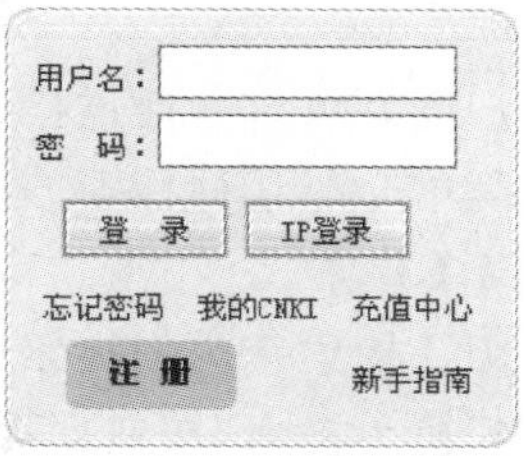

图 7-14 输入用户名和密码的登录区

作为 CNKI 重要组成部分的中国期刊网收录了 1994 年至今的 8200 多种重要期刊,以学术、技术,政策指导、高等科普及教育类为主,同时收录部分基础教育、大众科普、大众文化和文艺作品类刊物,内容覆盖自然科学、工程技术、农业、哲学、医学、人文社会科学等各个领域,全文文献总量为2200 多万篇。CNKI 中心网站及数据库交换服务中心每日更新 5000~7000 篇,各镜像站点通过互联网或卫星传送数据可实现每日更新,专辑光盘每月更新,专题光盘年度更新。目前,国内大多数高校都建立了 CNKI 镜像站点,用户可通过大学图书馆内的镜像站点访问,即在大学图书馆网页上点击关于 CNKI 的超链接,即可出现镜像站点入口方式选择,选择入口单击进入即可,也可直接在 CNKI 主站点登录访问,CNKI 站点地址是 http://www.cnki.net/index.htm。如图 7-14 所示,在登录区输入用户名和密码后,一般会出现选择平台入口界面,如图 7-15 所示。选择新版出版平台后,即可登录 CNKI 主站点,图 7-16 所示为 CNKI 检索首页的检索中心界面。

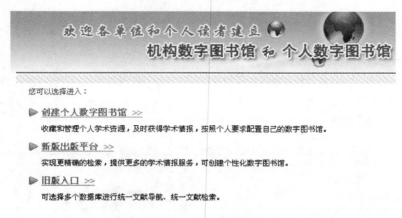

图 7-15 选择 CNKI 平台入口界面

从 CNKI 检索首页的检索中心界面可以选择简单检索、标准检索、高级检索、专业检索、引文检索、学者检索、科研基金检索、句子检索、工具书及知识元检索、文献出版来源检索等

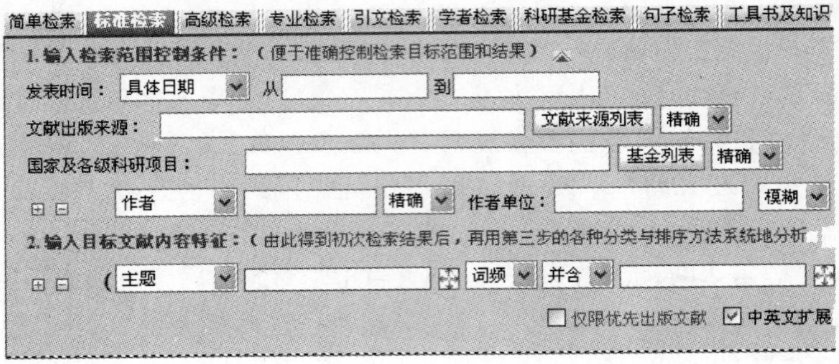

图 7-16　CNKI 检索首页的检索中心界面

检索方式。读者可自行通过检索帮助学习和使用。

以下简单介绍几种检索方法。

(1) 简单检索。

在 CNKI 检索首页的检索中心界面选择简单检索菜单，在检索词文本框输入要检索的内容，单击“简单检索”按钮即可。

实践操作：检索文章标题中含有“信息化教学”的文章，可在检索词文本框输入“信息化教学”，单击“简单检索”按钮，检索界面和检索到的文章标题如图 7-17 所示。

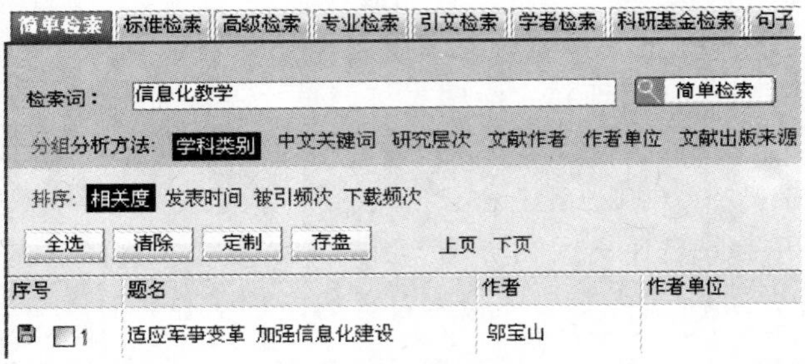

图 7-17　CNKI 简单检索

(2) 标准检索。

标准检索需要用户输入检索范围控制条件、目标文献内容特征、检索结果分组筛选等。

实践操作：检索 2002 年 1 月 1 日到 2010 年 1 月 1 日，《电化教育研究》期刊发表的作者为南国农的文章，可使用如图 7-18 所示的方式进行。

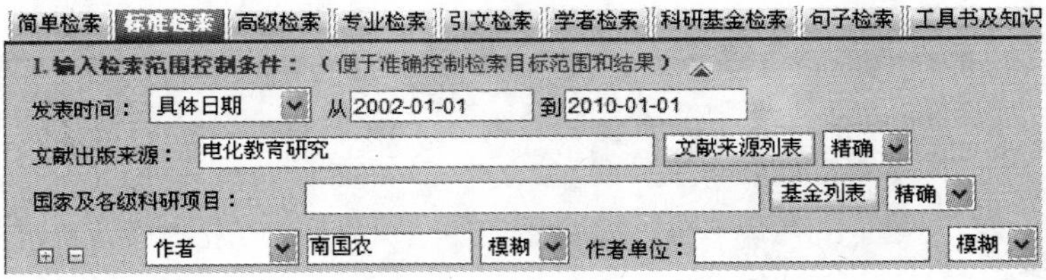

图 7-18　CNKI 标准检索

(3) 高级检索。

高级检索可以支持全文、关键词、作者、作者单位等检索项的逻辑运算检索。

实践操作：如图 7-19 所示，检索 2002 年 1 月 1 日到 2010 年 1 月 1 日，发表的全文中含有“信息化教学”和“技术”，作者为南国农的文章。

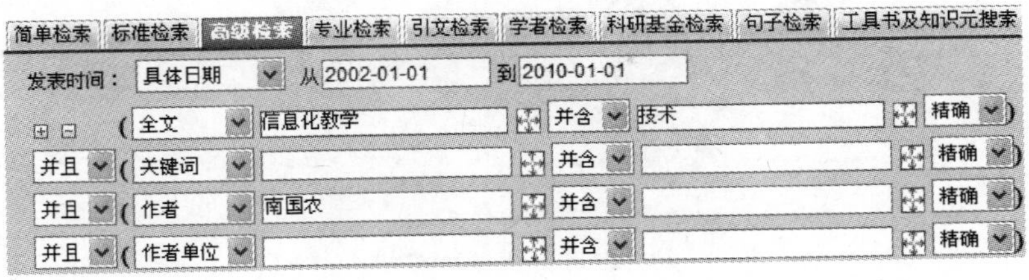

图 7-19 CNKI 高级检索

(4) 专业检索。

专业检索可使用的检索字段定义为，SU＝主题，TI＝题名，KY＝关键词，AB＝摘要，FT＝全文，AU＝作者，FI＝第一责任人，AF＝机构，JN＝中文刊名 & 英文刊名，BF＝引文，YE＝年，FU＝基金，CLC＝中图分类号，SN＝ISSN，CN＝统一刊号，IB＝ISBN，CF＝被引频次。需要在检索表达式框中输入表达式，才能检索。

实践操作：输入表达式为“TI＝中国 and KY＝生态文明 and (AU%胡＋李)”，可以检索到“篇名”包括“中国”并且关键词包括“生态文明”并且作者为“李”姓和“胡”姓的所有文章。输入表达式为“SU ＝ 北京 * 奥运 and AB＝环境保护”，可以检索到主题包括“北京”及“奥运”并且摘要中包括“环境保护”的信息，如图 7-20 所示。

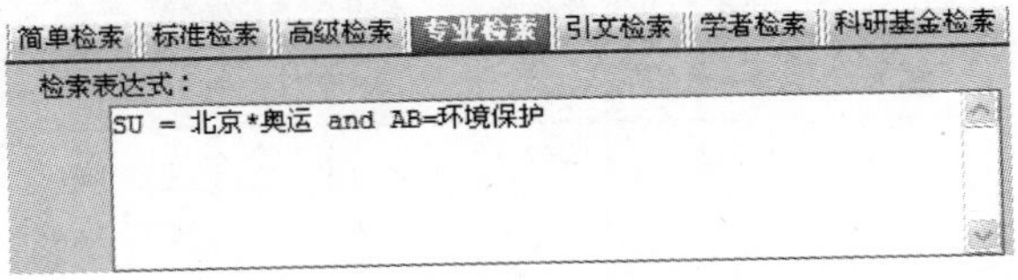

图 7-20 CNKI 专业检索

(5) 检索结果查看与下载。

在检索到需要的文献后，直接单击该文献标题，CNKI 会打开文献主要信息窗口，如图 7-21 所示。单击“CAJ 下载”(推荐)或“PDF 下载”超链接，弹出“文件下载”对话框，在该对话框中，单击“打开”按钮，则直接打开该文件；单击“保存”按钮，则将文件保存在本地磁盘。一般选择“保存”，将文件保存在磁盘中，以备以后使用。

(6) 全文浏览。

CAJViewer 浏览器是中国知网的专用全文格式阅读器，支持 CAJ、NH、KDH 和 PDF 格式文件，可以在线阅读中国知网的原文，也可以阅读下载到本地硬盘的 CNKI 文献，打印效果可以达到与原版显示一致的程度。如果本机已经安装了 CAJViewer 浏览器，在下载时选择“打开”时，系统会自动选择用 CAJViewer 浏览器打开文件；如果在下载时选择“保存”方式，以后可以直接利用 CAJViewer 浏览器阅读。

CAJViewer 浏览器的使用方法如下：

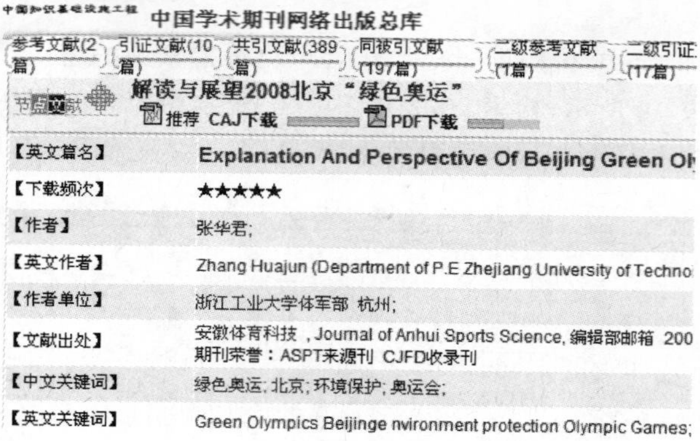

图 7-21 CNKI检索结果信息界面

CAJViewer 浏览器窗口如图 7-22 所示。CAJViewer 支持同时打开多份文档并可以轻松地在不同的文档中进行切换。使用 CAJViewer 工具栏、状态栏中的各种工具可以方便地完成浏览过程中的不同需求。例如,“手形”工具可以改变浏览位置、“放大”和“缩小”按钮可以改变显示比例等。单击“工具”菜单中某种工具后,将鼠标指针移动到文档窗口中,手动选择所需文本,进行复制和粘贴。其中,“栏选”是指按照文件的分栏排版效果来选择文本,如只选第一栏中的文字等。

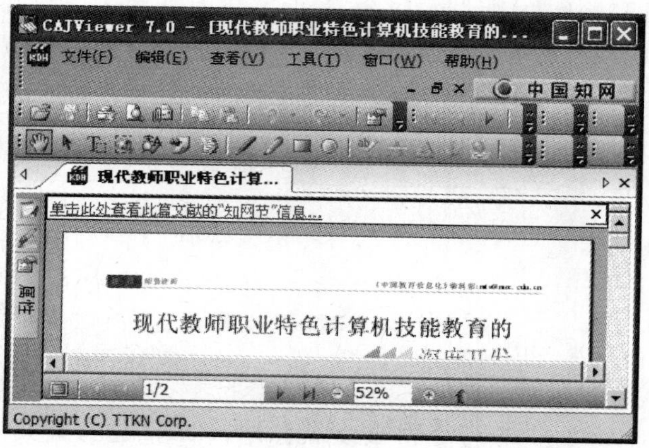

图 7-22 CAJViewer 浏览器窗口

CAJViewer 浏览器最大的特点体现在它的批注功能上,有些读者在阅读纸质书的时候喜欢在书上批批画画,利用 CAJViewer,也完全可以像在纸质书上那样进行批注,这一特点并不是所有的阅读工具都具有的。使用“注释”命令可以在文档的任意位置添加注释。使用“直线”或“曲线”工具则可以在文档中绘制不同的线条;选中若干文本后右击,在快捷菜单中可选择“高亮”、“下划线”、“删除线”等操作。

完成以上批注操作后,执行“查看→标注”命令,打开标注窗格。在此窗格中可以看到所有在文档中做的标注列表。此列表中有三个项目:类型、页码和描述,单击某一行的“类型”栏中的图标,则自动跳转到该标注所在的页面,标注的内容以红色方框显示。该标注可以保存以备将来使用。